认识数学

DISCOVER MATHEMATICS

2

席南华
主编

科学出版社

北　京

内 容 简 介

本书是《认识数学》系列数学科普书的第二卷,由 9 篇文章组成,作者均是中国科学院数学与系统科学研究院的科研人员. 文章的标题有费马大定理——一个历史的传奇,朗兰兹纲领简介,最速降线问题,生活中的电磁和数学,最短距离中的一些数学问题,醉汉凌乱的脚步是否能把他带回家? 自己能抗干扰的控制方法,莫斯科数学学派,基础数学的一些过去和现状. 文章选题的主要考虑因素是有趣、深刻和重要,写作力求引人入胜.

本书的读者对象是大学生、受过高等教育的一般大众,对部分内容感兴趣的中学生和读过高中的大众也是能读明白的,而且读后对数学会有新的认识.

图书在版编目(CIP)数据

认识数学. 2/席南华主编. —北京:科学出版社, 2022.12
ISBN 978-7-03-074204-9

I. ①认… II. ①席… III. ①数学–普及读物 IV. ①O1-49

中国版本图书馆 CIP 数据核字 (2022) 第 235828 号

责任编辑:李 欣 贾晓瑞 / 责任校对:杨聪敏
责任印制:霍 兵 / 封面设计:有道文化

科 学 出 版 社 出版
北京东黄城根北街 16 号
邮政编码:100717
http://www.sciencep.com
三河市春园印刷有限公司 印刷
科学出版社发行 各地新华书店经销

*

2022 年 12 月第 一 版 开本:720×1000 1/16
2023 年 12 月第三次印刷 印张:15 1/4
字数:205 000
定价: 88.00 元
(如有印装质量问题, 我社负责调换)

序

在信息时代, 数学发挥着日益重要的作用, 国家和社会对数学也是特别的重视. 在这样的背景下, 社会对数学科普的需求是巨大的. 中国科学院数学与系统科学研究院作为国家最高的数学与系统科学研究机构, 有责任参与数学的科普工作. 实际上, 在科普领域, 该研究机构有优良的传统, 华罗庚、吴文俊、王元、林群等人的科普作品广泛传播, 脍炙人口.

《认识数学》将是一个系列丛书. 本次出版该丛书的前三卷, 主要是我的一些同事写的科普文章. 这些文章都写得十分有趣, 可读性强, 富有数学内涵, 读后对认识数学、理解数学的思维、感受数学的无处不在和数学的威力等方面都会是很有益的. 这三卷书还包括李文林先生写的数学史方面的两篇文章, 以及韦伊 (A. Weil) 关于数学史的文章的译文. 也包括三篇本人的文章, 有两篇是以前已经发表了, 有一篇是专为本系列丛书而写的. 这些写文章的同事中有些认为写科普文章不是他们的工作, 有其他的人做此事, 我感到他们是瞎扯, 有那么点糊涂劲儿, 写完后他们都很喜欢自己的文章.

第一卷的主题有黎曼猜想——引无数英雄竞折腰, 三角往事, 凭声音能听出鼓的形状吗, 三体问题 —— 天体运动的数学一瞥, 图论就在我们身边, 孤立子背后的数学, 真的吗? 如何检验? 群体运动中的数学问题, 剑桥分析学派, 数学的意义等.

第二卷的主题有费马大定理, 朗兰兹纲领简介, 最速降线问题, 生活中的电磁和数学, 最短距离中的一些数学问题, 醉汉凌乱的脚步能否把他带回家? 自己能抗干扰的控制方法, 莫斯科数学学派, 基础数学的一些过去和现状等.

第三卷的主题有悖论、逻辑和不完全性定理, 流体的奥秘——流体力学方程, 寻找最优, 压缩感知的数学原理, 辗转相除法——算法的祖先, 熵助我们理解混乱与无序, 密码与数学, 数学史: 为什么, 怎么看等.

这些文章涉及的主题的多样性能让读者窥见数学的丰富和引人入胜.

第一卷到第三卷共有三篇数学史方面的文章, 其中两篇的主题分别是莫斯科数学学派和剑桥分析学派. 这两个学派的兴起与发展的过程对我们都有很多的启示. 前者是在落后的局面发展起来的, 后者是曾经兴旺, 由于保守僵化而落后, 然后再兴起的.

韦伊关于数学史的文章对数学史的价值有自己独到深刻的观点, 其深邃流畅的思维让人赞叹, 这是一篇很有影响的数学史文章.

在阅读本书的过程中, 有些地方可能需要读者做一些思考, 从而对相关的内容能有更好的理解. 书中的文章都是可以多读几遍的, 那样会有更深的理解.

读者也可能对某些地方的符号和细节不太明白, 但不必在意那些不太明白的内容, 因为忽略这些仍可以继续阅读, 并从中受益.

刚开始挑着看一些段落或内容阅读也是一个可以采用的阅读方式, 应该也会被内容触动而有所思考, 提升认识等.

十分感谢巩馥洲研究员在本书的组稿过程中给予的帮助. 特别感谢刘伟冬先生的团队为本书设计了意蕴丰富让人心动的封面, 这个封面似乎要把人带到神奇的数学世界.

席南华

2022 年 9 月 30 日于中关村

目　录

1 费马大定理

——一个历史的传奇

王 崧

 **1.1 简介**

数学中有很大一部分和解方程有关. 方程有多种多样, 如: 代数方程, 微分方程等.

代数方程一般是关于若干个未知变元的多项式方程, 如: 一元 n 次方程 $a_0x^n + a_1x^{n-1} + \cdots + a_n = 0$; n 元 m 次方程组, 即若干个 n 元多项式方程在一起, 最高次数为 m. 一般情况下, 方程数和变元数不一致.

在一些情况下我们完全知道如何求解: 如未知变元数和方程数都比较小的线性方程组; 一元 $2, 3, 4$ 次方程.

有时候我们没有求解公式, 如一般一元 5 次或更高次方程. 或求解过程很复杂费时, 如变元个数和方程数都太多的线性方程组. 此时我们常常通过计算数学的方法追求数值近似解.

在数论中, 我们经常碰到一大类特别的整系数方程, 其方程数少于变元数. 这类方程称为不定方程, 也称为丢番图方程 (Diophantine equation). 一般它们有复数解或实数解, 但是我们更关心这些方程的有理数解或者整数解.

丢番图 (Diophantio) 是古希腊数学家, 系统研究过不定方程并有著作《算术》十三卷. 历史上最经典的丢番图方程结论和问题包括: 贝祖 (Bezout) 定理, 二、三、四平方和问题, 勾股数以及费马方程.

贝祖定理　整系数不定方程

$$a_1 x_1 + a_2 x_2 + \cdots + a_n x_n = b$$

有整数解, 当且仅当 b 被 $a_1, \cdots, a_n$ 的最大公约数整除. 特别地, $a_1, \cdots, a_n$ 的最大公约数是它们的整系数线性组合. 计算最大公约数的算法主要是欧几里得 (Euclid) 辗转相除法.

k-平方和问题　即求不定方程

$$x_1^2 + x_2^2 + \cdots + x_k^2 = n$$

的整数解. 这是所有初等数论教科书都要论述的经典问题. 答案不复杂: 当 $k = 2$ 时, n 为两个整数的平方和当且仅当 $n = d^2 m$, 其中 d 为整数, m 为无平方因子的正整数, 并且它的任何奇素数因子被 4 除后的余数是 1 (例如 17 是这样的素数, 但 11 不是这样的素数).

当 $k = 3$ 时, 正整数 n 为三个整数的平方和当且仅当 n 不能写成 $4^a(8b + 7)$ 的形式, 其中 a, b 是自然数.

当 $k \geqslant 4$ 时, 任何正整数 n 都是 k 个自然数的平方和.

勾股定理　西方称为毕达哥拉斯定理 (Pythagorean), 即直角三角形的斜边长度平方为直角边长度平方和. 于是勾股数就是不定方程

$$x^2 + y^2 = z^2$$

的正整数解, 勾三股四弦五 $(x = 3, y = 4, z = 5)$ 就是人们常说的一个例子. 历史上, 诸文明古国都有文献记载诸多实例 (如中国古代的《九章算术》及《孙子算经》, 古埃及、古巴比伦乃至古希腊等). 欧几里得的《几何原本》则是首次给出了算法和系统证明, 后面我们将讨论此事.

现在我们来到主题. **费马大定理**, 又称费马最后定理 (Fermat's Last Theorem, Le dernier théoréme de Fermat, FLT), 是数学史上一个著名的猜想, 它断言

当整数 $n > 2$ 时, 不定方程

$$x^n + y^n = z^n$$

没有正整数解.

以上不定方程称为费马方程. 勾股数问题可以看作费马方程的前身. 事情可以追溯到 17 世纪.

1637 年, 法国数学家兼律师费马 (Pierre de Fermat) 在阅读丢番图的《算术》拉丁文译本时, 在第 11 卷第 8 命题旁边写道:

将一个立方数分成两个立方数之和, 或一个四次幂分成两个四次幂之和, 或者一般地将一个高于二次的幂分成两个同次幂之和, 这是不可能的. 关于此, 我确信我发现一种美妙的证法, 可惜这里的空白处太小, 写不下.[①]

费马一生提出过很多没有写出证明的猜想, 其中有很多是被其他人证明并且归功于费马. 例如, 把整数写成两个整数的平方和问题就是一个著名的例子. 可是, 上面所提的问题却难倒了当时所有人. 实际上, 后面我们很容易看到该问题可以归结为 $n = 4$ 或者 $n = p$ 的奇素数情形. 费马本人证明了 $n = 4$ 的情形. 因此, 它成了费马最后定理, 并且人们确信当年费马没有找到证明, 从而仅仅是个猜想. 之后的故事很长.

1995 年, 英国数学家安德鲁·怀尔斯以连续发表两篇文章的方式[6,7]正式宣告了费马大定理的证明. (其中第二篇文章是他和他的学生理查·泰勒 (Richard Taylor) 合写.) 怀尔斯在这两篇文章中证明了关于椭圆曲线的模性猜想——谷山-志村-韦伊猜想 (Taniyama-Shimura-Weil conjecture) 在半稳定情形成立. 这是当代数论核心课题朗兰兹纲领 (Langlands Program) 的特殊情形.[②] 怀尔斯的这项工作大量使用了

---

① 拉丁文原文[3]: Cubum autem in duos cubos, aut quadratoquadratum in duos quadratoquadratos, et generaliter nullam in infinitum ultra quadratum potestatem in duos eiusdem nominis fas est dividere cuius rei demonstrationem mirabilem sane detexi. Hanc marginis exiguitas non caperet.

② 后来, 泰勒和其他合作者[1] 彻底证明了谷山-志村-韦伊猜想.

当今数论中最深刻的思想及技术, 并且和当前数论中诸多深刻的热门问题关联 (如朗兰兹纲领、伽罗瓦表示理论、千禧问题 BSD 猜想, abc 猜想等).

这项堪称 20 世纪一个巅峰之作发表时, 距离费马的页边笔记已有 358 年. 因为这项工作, 怀尔斯获得了很多荣誉, 其中包括 1998 年国际数学家大会的特别银奖、2005 年的邵逸夫奖以及 2016 年阿贝尔奖等. 其阿贝尔奖颁奖词对其工作描述为 "令人震惊的进展" (stunning advance).

花絮 怀尔斯证明费马大定理的过程亦甚具戏剧性. 他用七年时间, 在不为人知的情况下, 得出证明的大部分; 然后于 1993 年 6 月在一个学术会议上宣布他的证明. 怀尔斯证明了费马大定理瞬即成为数学界的头条新闻. 但专家们在审查他的证明时发现其中含有一个极为严重的错误. 怀尔斯和泰勒之后用近一年时间尝试补救, 终在 1994 年 9 月采用一个之前怀尔斯抛弃过的方法, 成功补救了这个错误, 这部分的证明与岩泽 (Iwasawa) 理论有关. 他们的证明发表于 1995 年. 也正因为迟到的证明, 他刚好超龄一年错过了菲尔兹奖. 不过, 1998 年国际数学大会仍然以无可争议提名的方式颁给他特别银奖.

现在我们可以对这个费马大定理从猜想到定理的传奇做个简要的总结. 它是从古至今以来最伟大的猜想之一. 在变成定理以来, 曾被吉尼斯世界纪录认定为最难的数学问题, 因为它有最多的失败的证明. 令人惊讶的是, 这个方程还拯救了一个生命. 那是发生在 20 世纪初的一个偶然的故事.

1906 年德国实业家兼业余数学家沃尔夫凯勒 (Paul Wolfskehl) 去世时设立了遗嘱, 奖励第一个证明费马大定理的人 10 万马克. 这其中的原因颇有戏剧性. 沃尔夫凯勒年轻时由于失恋万念俱灰, 决定离开这个世界并定下自杀的日子. 到了那天, 处理完他的商业事务和其他事务后, 他走进自己的图书馆, 不知道该做什么, 就随后在书架上取下一些数学小册子. 纯粹是偶然, 他翻开了其中一本, 正是库默尔 (Kummer) 关于费马大定理的一篇文章. 沃尔夫凯勒在其中发现了一个逻辑上的漏洞, 进而仔细检查这个漏洞和其他的细节. 设定自杀的时间就这样过去了, 沃尔夫凯勒在这个过程中十分开心, 重新感到了生活的意义和美好.

　　三个多世纪以来, 有很多很多人尝试证明费马大定理, 不论这些尝试是失败的还是最终成功了, 都给数学带来很大的影响 (表 1). 很多的数学新思想、新工具, 甚至新的数学分支就在这个过程中诞生了. 而且, 正是因为一代代数学家不断尝试的积累, 最终导致了怀尔斯得以证明费

表 1　费马大定理年表

数学家名册	年代	工作事记
费马	17 世纪	提出猜想 (1637) 并证明 $n=4$ 的情形.
欧拉	1770	证明 $n=3$ 的情形.
勒让德、狄利克雷	1825	证明 $n=5$ 的情形.
热耳曼、拉梅等	19 世纪	证明了很多 $n=p$ 为奇素数的情形.
库默尔	1850s	证明了费马问题 $F(n)$ 对正则素数成立.
莫德尔	1920s	提出莫德尔 (Mordell) 猜想, 其中特例: 费马方程至多有限多个解.
谷山-志村-韦伊	1950-60s	提出椭圆曲线的模性猜想.
法尔廷斯	1980	证明了莫德尔猜想.
弗雷	1984	利用自己发现的弗雷 (Frey) 曲线首次描述用模性猜想证明费马大定理的路线图.
塞尔	1985	提出了深刻猜想描述模形式和 p-进伽罗瓦表示之间的关系, 其部分为 ϵ 猜想.
里贝特	1986	证明了 ϵ 猜想, 完成了弗雷路线图的一半.
怀尔斯	1995	证明了谷山-志村-韦伊猜想对半稳定椭圆曲线情形材料, 从而彻底证明费马大定理.
怀尔斯, 布雷伊尔-康拉德-戴蒙德-泰勒	2000s	彻底解决谷山-志村-韦伊猜想

马大定理. 另外, 即使费马大定理已经被证明, 由它而催生的数学, 特别是代数数论这一分支, 仍在继续蓬勃发展.

1.2.1 费马的无穷递降法

现在是我们熟悉的故事. 当年费马正是读到丢番图的《算术》第 11 卷第 8 命题, 也就是勾股数问题时, 他就开始思考一般 n, 即更高方幂情形. 他猜测: 当正整数 $n > 2$ 时, 方程

$$x^n + y^n = z^n \tag{1}$$

除了显然的平凡有理解或者整数解, 即 x, y, z 中有 0 的解以外, 没有其他有理解. 这个命题我们记为 $F(n)$.

容易知道 $F(n)$ 推出 $F(kn)$, 因为若 (a, b, c) 是 $x^{kn} + y^{kn} = z^{kn}$ 的解, 则 (a^k, b^k, c^k) 是 $x^n + y^n = z^n$ 的解. 注意当 $n > 2$ 时 n 要么是某个奇素数 p 的倍数, 要么是 4 的倍数, 因而费马大定理归结为 $F(p)$ 和 $F(4)$. 由于这是一个齐次方程, 只需证明该方程没有本原解, 即没有解 a, b, c 均非零且互素. 理由和勾股数方程一样.

费马证明了 $F(4)$. 实际上他证明了, 以下方程

$$X^4 + Y^4 = Z^2 \tag{2}$$

没有正整数解, 即不存在整数边长的直角三角形, 其直角边长均为平方数. 他用的方法就是著名的无穷递降法.

费马的证明 现在我们证明这件事情. 假设方程 (2) 有正整数解, 则必然存在正整数解 (a, b, c) 使得 c 最小. 原因: 如果不是这样, 设 (a, b, c) 是任意正整数解. 我们有更小的正整数解 (a', b', c'). 这时有 $c' < c$. 我们可以按此法一直进行下去, 就可以找到解 $(a'', b'', c''), \cdots$, 使得 $c > c' > c'' > \cdots$. 但是任何严格递降的正整数列不可能无限延伸, 因

此必然到某一步我们无法继续进行, 这样就矛盾了. 所以存在正整数解 (a, b, c) 使得 c 最小. 这个思想就是无穷递降.

因而可以设 (a, b, c) 就是我们要找的最小正整数解. 首先 a, b 互素. 否则若 d 是 a, b 的大于 1 的公因子, 则

$$\left(\frac{a}{d}, \frac{b}{d}, \frac{c}{d^2}\right)$$

是更小的解. 由于 a 和 b 互素, 所以 (a^2, b^2, c) 为勾股数本原解, 而且 a, b 必须为一奇一偶. 不妨设 b 是偶数, 否则交换 a, b 的角色就仍可以这样要求.

由欧几里得公式, 存在没有公因子的正整数 m, n 满足

$$a^2 = m^2 - n^2, \quad b^2 = 2mn, \quad c = m^2 + n^2.$$

首先注意到 $a^2 = (m+n)(m-n)$ 为奇数, $(m+n, m-n) = 1$, 因为若 p 为它们的公共素因子, 则 p 为奇数, 从而 p 整除 m, n, 这与 m, n 无公因子的假设矛盾. 于是 $m+n, m-n$ 均为完全平方数. 设正整数 u, v 满足

$$m + n = u^2, \quad m - n = v^2,$$

由于 $m+n, m-n$ 都是奇数且互素, 所以 u, v 均为奇数且互素. 由此可知 $\frac{u+v}{2}, \frac{u-v}{2}$ 均为正整数, 并且两者互素. 另外, 我们有

$$\left(\frac{u+v}{2}\right)^2 + \left(\frac{u-v}{2}\right)^2 = \frac{u^2+v^2}{2} = m.$$

对上式两边乘以 2, 然后考察两边被 4 除后的余数, 就可以知道 m 是奇数. 由于 a 是奇数, 从 $a^2 = m^2 - n^2$ 立即可知 n 为偶数. 因为 $b^2 = 2mn$, 所以 $\left(\frac{b}{2}\right)^2 = m \cdot \frac{n}{2}$, 根据假设, m, n 是互素的, 所以 m 和 $\frac{n}{2}$

都为完全平方数. 设 $m = c'^2, \dfrac{n}{2} = s^2$. 注意到

$$\frac{u+v}{2} \cdot \frac{u-v}{2} = \frac{u^2 - v^2}{4} = \frac{n}{2} = s^2$$

以及 $\dfrac{u+v}{2}, \dfrac{u-v}{2}$ 互素, 可知它们都是完全平方数. 于是有正整数 a', b' 满足

$$\frac{u+v}{2} = a'^2, \quad \frac{u-v}{2} = b'^2.$$

这样一来, 我们就有

$$a'^4 + b'^4 = \left(\frac{u+v}{2}\right)^2 + \left(\frac{u-v}{2}\right)^2 = \frac{u^2 + v^2}{2} = m = c'^2,$$

即 (a', b', c') 是方程 (2) 的解. 因为 $c' = \sqrt{m} \leqslant m < m^2 + n^2 = c$, 所以 (a', b', c') 是方程 (2) 的比 (a, b, c) 更小的解. 这与假设 (a, b, c) 是方程 (2) 的最小解矛盾. 这个矛盾说明方程 (2) 不存在最小解, 从而这个方程没有正整数解. 证毕.

我们已经说明了费马大定理在 $n = 4$ 时是成立的. 剩下的问题就是证明费马大定理在 $n = p$ 为奇素数情形. 在费马证明了 $n = 4$ 的情形之后的两个世纪 (1637—1839), 进展极其缓慢, 人们仅能完全证明了 $p = 3, 5, 7$ 的情形. 可见费马的页边注记表明当时费马是不着边际地乐观.

但是, 费马是伟大的. 他的无穷递降法思想非常有价值, 在后世不断发扬光大. 该思想的原始形式是, 如果我们要证明某种对象 (如方程的解) 不存在, 我们按以下方式进行: 用某一个正整数量去衡量它的 "大小", 例如方程 (2) 正整数解中 z 的值 c, 如果存在一个这样的对象, 则可以找到一个严格更小的对象, 这个过程可以无穷继续下去, 最后导致矛盾. 无穷递降法思想的一个现代形式是高度理论 (height theory), 它在后面讲到的椭圆曲线理论和莫德尔定理的证明中发挥着极其重要的作用.

1.2.2 欧拉、热耳曼

我们继续说经典时代的故事.

最懂费马的是欧拉. 当年费马断言了很多命题和猜想. 欧拉则解读整理了费马的笔记. 欧拉在 1770 年证明了 F(3) 成立. 当然, 他发现并不是费马所有的猜想都是对的.

费马那些被欧拉否定掉的猜想中, 最著名的费马素数猜想. 这个猜想说: 费马数 (后人起的名字)

$$f_n = 2^{2^n} + 1$$

为素数.

注意到当 m 有奇素数因子 p 时, $2^m + 1$ 为合数. 原因: 设 $m = pm'$, 则 $2^m + 1 = (2^{m'})^p + 1$ 是 $2^{m'} + 1$ 的倍数. 因而, 若 $2^m + 1$ 为素数, m 必为 2 的方幂.

例子

$$f_0 = 3, \quad f_1 = 5, \quad f_2 = 17, \quad f_3 = 257, \quad f_4 = 65537$$

均是素数. 但是, 欧拉发现

$$f_5 = 641 \times 6700417$$

是合数, 从而推翻了费马的这个猜想. 日后人们证明了 $f_6, f_7, \cdots, f_{13}$ 都是合数. 不过目前还不知道 f_{14} 是否为素数. 对很多的 n, 人们知道 f_n 是合数. 但是除了 $n = 0, \cdots, 4$, 人们至今都没找到第 6 个费马素数.

我们回到费马大定理. 据维基百科介绍, F(3) 最早由阿布·马哈茂德·科扬迪 (Abu-Mahmud Khojandi) 在 10 世纪时提出. 但他试图证明定理是不正确的. 1770 年, 欧拉给出了 F(3) 的第一个证明, 而他的证明正是基于费马的无穷递降法思想, 更具体地, 是 3-递降法.[①]

---

① 他的无穷递降法包含了一个重大漏洞. 但是, 由于欧拉本人已经在其他工作中证明了完成证明所必需的引理, 因此一般认为他是第一个证明的人.

我们将在 1.6 节中给出欧拉的证明, 该证明只需要高中数学和初等数论基础就可以阅读.

之后, F(5) 被勒让德和狄利克雷在 1825 年左右独立地证明. 拉梅 (Gabriel Lamé) 则是在 1839 年证明了 F(7). 他的原始证明很复杂, 一年之后被勒让德简化. 至于其他的 n, 在热耳曼、库默尔的工作之前, 在 $n = 6, 10, 14$ 的情形均有很多人发表了证明, 其中狄利克雷在 1832 年完成了 F(14), 在拉梅 1839 年证明 F(7) 之前七年.

以上所有的证明都依赖费马的无穷递降技巧. 要么是原始形式, 要么是椭圆曲线或阿贝尔簇上的下降法. 指数 n 越大, 其技巧细节越复杂. 一般性的结果在 19 世纪初由阿贝尔 (Niels Henrik Abel) 等人给出. 但是历史公认的在库默尔之前的最大的进展来自热耳曼 (Sophie Germaine). 她观察到以下的简单命题.

命题 1 设 p 为奇素数. 假设 $\theta = 2hp + 1$ 是素数, 这里 h 不被 3 整除, 满足以下的非连续性条件: 不存在这样的两个整数 u, v, 其 p-次方模 θ 之后相差 1. 则费马方程 $x^p + y^p + z^p = 0$ 的整数解 (a, b, c) 必须满足 θ 整除 abc.

推论 2 特别地, 假设这样的 θ 有无穷多个, 并假设 p 次费马方程有非零解 a, b, c, 由于 abc 的素因子有限, 这与上面的命题矛盾, 从而证明了 F(p) 成立.

对于给定的 p, 特别地, 她证明了, 如果奇素数 $p < 270$ 并且满足 $2p + 1$, $4p + 1$, $8p + 1$, $10p + 1$, $14p + 1$, $16p + 1$ 之一为素数, 则 F(p) 成立. (素数 p 称为苏菲-热耳曼素数, 若 $2p + 1$ 也是素数.)

1.2.3 库默尔的理想数

19 世纪中叶, 库默尔 (Ernst Kummer) 取得了重大的进展, 证明了对一大类的奇素数 p, F(p) 成立. 这类素数称为正则素数 (regular primes). 库默尔的工作将费马大定理问题研究推进到经典时代的巅峰.

为了理解库默尔以及以后的故事, 我们需要假设大家知道一些大学本科的数学基本概念, 如群、环、域、环的理想. 事实上库默尔发展了一套非常深刻的 "理想数" 的概念, 并且用这些概念推进了包括费马大定理在内的相当一些数学问题的进展.

1847 年, 拉梅给出了一个思路, 试图解决一般的 $\mathrm{F}(p)$, p 为奇素数. 他的思想是: 将方程 $x^p + y^p = z^p$ 在更大的数集, 事实上是分圆整数环

$$\mathbb{Z}[\zeta_p] := \{a_0 + a_1\zeta_p + a_2\zeta_p^2 + \cdots + a_{p-2}\zeta_p^{p-2} \mid \text{诸 } a_i \text{ 均是整数}\}$$

内分解. 这里 $\zeta_p = \cos\dfrac{2\pi}{p} + \sin\dfrac{2\pi}{p}$ 为标准的 p 次本原单位根. 这个环是整数环的类比, 对加减乘法封闭, 并且满足乘法的消去律. 他猜想这个数集也满足唯一分解定理, 即任何非零元素都可以写成乘法单位和不可约数的乘积, 并且写法在相伴意义下唯一. 我们称 $\mathbb{Z}[\zeta_p]$ 中两个数相伴, 如果它们在 $\mathbb{Z}[\zeta_p]$ 中互相整除.

拉梅的思想的第一步是做因式分解

$$x^p + y^p = (x+y)(x+\zeta_p y) \cdots (x+\zeta_p^{p-1} y).$$

如果 (a,b,c) 是 p 次费马方程的本原解, 则 a, b, c 两两互素. 于是在环 $\mathbb{Z}[\zeta_p]$ 中, $a+b$, $a+\zeta_p b, \cdots, a+\zeta_p^{p-1}b$ 两两互素. 它们的乘积等于 c^p, 是 p-次方幂, 因而素因子 $a+b$, $a+\zeta_p b, \cdots, a+\zeta_p^{p-1}b$ 都是 p-次方幂. 从而有望通过这一结论, 仿照欧拉在 $n=3$ 的情形完成 $\mathrm{F}(p)$ 的证明.

然而, 他的思路失败了, 因为它错误地假设 $\mathbb{Z}[\zeta_p]$ 中的复数在 $\mathbb{Z}[\zeta_p]$ 中可以像整数一样被唯一地分解为素数. 刘维尔 (Joseph Liouville) 指出了拉梅的这个错误. 实际上, 库默尔早就观察到在 $\mathbb{Z}[\zeta_p]$ 中, 唯一分解性未必成立.

库默尔的想法是, 在分圆整数环中找到 (乘法的) 唯一分解定理. 他找到了答案, 唯一分解定理对 "理想数" 成立. "理想数" 不是数, 其实是一些数的集合, 这些集合可以做加法、乘法, 定义 "素数", 从而可以讨论唯一分解性.

让我们解释库默尔的想法. 记 $A = \mathbb{Z}[\zeta_p]$ 为分圆整数环. A 的**理想数**是指 A 中由有限个元素的 A-线性组合全体形成的子集. 即 A 中的理想数是如下形式的集合:

$$\{x_1a_1 + x_2a_2 + \cdots + x_ka_k \,|\, 诸\ x_i\ 取遍\ A\ 中的元素\},$$

其中 $a_1, a_2, \cdots, a_k$ 是 A 中任意选定的元素.

单个元素生成的理想为主理想数. 两个元素分别生成的主理想数相同当且仅当这两个元素相伴, 即在 A 中互相整除. 主理想数的性质和生成它的数的性质有密切的联系. 称理想数 I 整除理想数 J 如果 $J \subset I$. 称 I 是素理想数, 如果 $A \neq I$ 并且对任意 $a, b \in A$, $ab \in I$ 蕴含 $a \in I$ 或者 $b \in I$. 理想数 I 和 J 的和与乘积分别定义为

$$I + J = \{x + y \,|\, x \in I,\ y \in J\},$$

$$I \cdot J = \left\{\sum x_i y_i \,|\, x_i \in I,\ y_i \in J\right\}.$$

类似可以定义多个理想数的和与乘积, 以及理想数的方幂.

库默尔对分圆整数环 A 证明了以下的结论.

(1) 理想数对乘法有唯一分解定理.

即任何非零理想数都可以写成素理想数的乘积, 并且在不计次序意义下写法是唯一的.

(2) 类群和类数.

所有的非零理想数在乘法下构成一个交换半群, 其中的主理想数全体构成子半群. 因而我们可以作商半群. 这个商半群其实是一个群, 因为对任何一个非零理想数 I 都可以找到非零理想数 J 使得 IJ 是主理想. 这个群称为**理想类群**.

库默尔证明了这个理想类群是有限群. 这个群中的元素个数称为分圆整数环 A 的**类数**. 分圆整数环 A 的类群和类数是该整数环和唯一分解整环差别的对象和量. **该类群平凡当且仅当环 A 是唯一分解整环.**

(3) 正则素数 (regular prime).

设 p 为奇素数. 记 h_p 为环 $A = \mathbb{Z}[\zeta_p]$ 的类数. 称 p 为**正则素数**如果 p 不整除 h_p.

根据拉格朗日的一个定理, 任何理想数在类群中的阶都整除 h_p. 如果 p 是正则素数, 一个理想数的 p 次方是主理想, 那里这个理想数在类群中的阶既是 p 的幂也是 h_p 的因子, 由于素数 p 不整除 h_p, 从而这个理想数在类群中的阶是 1, 即这个理想数本身就是主理想数.

库默尔给自己设定的任务是在分圆整数环中推广素数概念, 从而进行唯一因式分解. 他通过引入理想数成功地完成了这项任务.

库默尔把自己在理想数上的工作与上面提到的拉梅的思想结合, 证明了对所有正则素数 p, 费马大定理 F(p) 成立. 而且, 库默尔还证明了正则素数的一个判别法则: 奇素数 p 是正则素数, 即 $p \nmid h_p$, 如果伯努利数 $B_2, B_4, \cdots, B_{p-1}$ 写成简分数形式时分子不能被 p 整除. 回忆一下, 伯努利数 B_n 是 $t/(e^t - 1)$ 的幂级数展开的系数:

$$\frac{t}{e^t - 1} = \sum_{n=0}^{\infty} \frac{B_n}{n!} t^n.$$

利用微积分很容易算出

$$B_0 = 1, \quad B_1 = -\frac{1}{2}, \quad B_2 = \frac{1}{6}, \quad B_3 = B_5 = B_7 = \cdots = 0,$$

$$B_4 = -\frac{1}{30}, \quad B_6 = \frac{1}{42}, \quad B_8 = -\frac{1}{30}, \quad B_{10} = \frac{5}{66}, \quad B_{12} = -\frac{691}{2730},$$

$$B_{14} = \frac{7}{6}, \cdots.$$

利用库默尔的正则素数判别法则, 由上面的计算可以看出 $p = 5, 7, 11, 13$ 都是正则素数, 从而费马大定理在 n 等于这些素数的情形都成立, 即 F(5), F(7), F(11), F(13) 成立.

我们还有递归式

$$B_0 = 1, \quad B_m = \sum_{k=0}^{m-1} \binom{m}{k} \frac{B_k}{m-k+1},$$

对伯努利数更多的计算可以揭示小于 270 的奇素数, 除了 37, 59, 67, 101, 103, 131, 149, 157, 233, 257 和 263 之外都是正则素数, 对这样的素数 p, 费马大定理 F(p) 均成立.

然而, 库默尔无法对非正则素数时证明费马大定理. 人们猜想正则素数出现的概率大约为 61% [3], 即正则素数在所有素数中所占的比例大约是 61%. 但是至今我们还不知道正则素数是否真的有无穷多个.

1816 年和 1850 年, 法国科学院为费马大定理的一般证明设立了一个奖项. 1857 年, 尽管库默尔没有提交获奖工作, 但法国科学院还是授予他 3000 法郎和一枚金牌, 以表彰他对理想数的研究.

库默尔所引入的理想数概念后来被戴德金 (Richard Dedekind) 推广到一般数域的代数整数环, 并将理想数命名为**理想**. 理想的概念后来被进一步推广到任意的交换环和一般的环, 成为代数中的一个基本概念.

库默尔的理想数技巧即使到了当代计算数论中仍有很好的应用和发展.

在 20 世纪下半叶, 计算方法被用于将库默尔的方法扩展到非正则素数. 1954 年, 范迪弗 (Harry Vandiver) 使用 SWAC 计算机证明了费马大定理对所有小于 2521 的素数成立. 到 1978 年, 瓦格斯塔夫 (Samuel Wagstaff) 已将其扩展到所有小于 125000 的素数. 到 1993 年, 费马大定理已被证明适用于所有小于 400 万的素数. 然而, 有这些结果仍不能说费马大定理被证明. 原因是对一些 n 的情况的证明永远无法说明一般的情况: 即使对 F(n) 被验证到一个非常大的数字 $n = n_0$, 但可能仍然存在超出 n_0 的情况, 使费马大定理的断言不成立. (过去在数论中一些其他猜想就发生过这样的事情, 在这个猜想中不能排除这种情况.)

1.3 20 世纪的新路线图

1.3.1 椭圆曲线

在 20 世纪探究费马大定理的征途中, 椭圆曲线扮演着一个关键的角色. 简单说来, 椭圆曲线是由二元三次方程

$$y^2 = x^3 + ax + b, \quad 4a^3 + 27b^2 \neq 0$$

定义的曲线. 为了方便, 人们在平面上加上一条无穷远直线, 得到一个射影平面. 在射影平面上讨论椭圆曲线的好处是这时候椭圆曲线有一个交换群的结构, 群的单位元就是椭圆曲线上的那个唯一的无穷远点.

我们可以用更抽象的方式定义椭圆曲线.

定义 3 令 F 是一个域. 我们称 (E, O) 是 F 上的一条椭圆曲线, 如果 E 是 F 上的一条本征的 (proper) 亏格为 1 的光滑曲线, O 是 E 上的一个 F-有理点.

有时, 我们也简称 E 是 F 上的一条椭圆曲线.

F 上的椭圆曲线 (E, O) 具有一个交换代数群的结构, 使得 O 是 E 的单位元. 若 $f : (E, O) \to (E', O')$ 是 F 上的代数映射, 即 $f : E \to E'$ 是 F 上代数曲线之间的映射, 且 $f(O) = O'$, 则 f 自动是代数群之间的映射. 椭圆曲线之间的非常值映射称作同源 (isogeny).

根据黎曼-罗赫 (Riemann-Roch) 定理, 我们知道任意椭圆曲线 (E, O) 可以看作是射影平面 $\mathbb{P}_F^2$ 中由下面的魏尔斯特拉斯 (Weierstrass) 方程所定义的曲线

$$Y^2 Z + a_1 XYZ + a_3 YZ^2 = X^3 + a_2 X^2 Z + a_4 XZ^2 + a_6 Z^3, \quad (3)$$

其中 $a_i \in F$, O 点对应到 $[0 : 1 : 0] \in \mathbb{P}_F^2$, 它是 E 的唯一的无穷远点.

对于方程 (3), 我们可以定义如下量:

$$b_2 = a_1^2 + 4a_2, \quad b_4 = 2a_4 + a_1 a_3, \quad b_6 = a_3^2 + 4a_6,$$

$$b_8 = a_1^2 a_6 + 4a_2 a_6 - a_1 a_3 a_4 + a_2 a_3^2 - a_4^2,$$

$$\Delta = 9b_2 b_4 b_6 - b_2^2 b_8 - 8b_4^3 - 27b_6^2,$$

$$j = (b_2^2 - 24b_4)^3 / \Delta.$$

我们知道: 方程 (3) 定义了 F 上的一条椭圆曲线 E, 还要求 $\Delta \neq 0$, 这是为了避免奇点, 因为椭圆曲线是光滑的. 如果 F 是代数闭域, 两条 F 上的椭圆曲线是同构的当且仅当它们的魏尔斯特拉斯方程给出的 j 是相等的. 我们称 Δ 为 E 的判别式, j 为 E 的 j-不变量.

复数域 $\mathbb{C}$ 上的椭圆曲线

当 E 为 $\mathbb{C}$ 上的椭圆曲线时, 我们有如下好的刻画:

定理 4 令 $(E, O)/\mathbb{C}$ 为椭圆曲线. 则存在一个格 $\Lambda \subset \mathbb{C}$, 即 $\mathbb{C}$ 中秩为 2 的离散 $\mathbb{Z}$-子模, 使得映射

$$\phi : \mathbb{C}/\Lambda \to E(\mathbb{C}), \quad \phi(z) = [\wp(z), \wp'(z), 1]$$

是复李群的复解析同构, 其中 $\wp(z)$ 是由格 Λ 所定义的魏尔斯特拉斯 $\wp$-函数.

事实上, 我们可以取 Λ 为 $H_1(E, \mathbb{Z})$. 若令 ω 为 $E(\mathbb{C})$ 上的一个处处非零的全纯微分, 则 ϕ^{-1} 可以描述为

$$\phi^{-1} : E(\mathbb{C}) \to \mathbb{C}/\Lambda, \quad P \mapsto \left(\int_O^P \omega \right) \mod \Lambda.$$

由此我们立即得到:

推论 5 $E(\mathbb{C})$ 中的 n 阶挠点构成的子群 $E[n](\mathbb{C})$, 作为 $\mathbb{Z}$-模, 同构于 $\mathbb{Z}/n\mathbb{Z} \times \mathbb{Z}/n\mathbb{Z}$. 更一般地, 根据莱夫谢茨 (Lefschetz) 准则, 对于任意特征零的代数闭域 F, $E[n](F) \simeq \mathbb{Z}/n\mathbb{Z} \times \mathbb{Z}/n\mathbb{Z}$.

ℓ-进域 $\mathbb{Q}_\ell$ 上的椭圆曲线

令 $E/\mathbb{Q}_\ell$ 为 $\mathbb{Q}_\ell$ 上的椭圆曲线 (实际上对于一般非欧局部域上的椭圆曲线, 下文的结果都可以类似推广, 但 $\mathbb{Q}_\ell$ 上的结果对于我们已经足够

了). 此时存在 E 的极小魏尔斯特拉斯方程

$$Y^2Z + a_1XYZ + a_3YZ^2 = X^3 + a_2X^2Z + a_4XZ^2 + a_6Z^3 \qquad (\mathrm{W^{min}})$$

使得 $a_i \in \mathbb{Z}_\ell$ 且判别式 $\Delta^{\min}$ 的 ℓ-进赋值在 E 的所有魏尔斯特拉斯方程中是极小的. 可以验证, $\Delta^{\min}$ 只和 E 有关, 和极小魏尔斯特拉斯方程的选取无关. 方程 $(\mathrm{W^{min}})$ $\mod \ell$ 将给出 $\mathbb{F}_\ell$ 上的一条射影曲线 $\overline{E}$.

可以验证 $\overline{E}$ 有三种情形, 分别是光滑曲线、存在唯一的奇点且奇点为一个节点 (node), 以及存在唯一的奇点且奇点为一个尖点 (cusp). 对应这三种情形, 我们分别称 E 在 ℓ 处有好的约化 (good reduction), 乘性约化 (multiplicative reduction), 以及加性约化 (additive reduction).

如果 E 在 ℓ 处有好的约化, $\overline{E}$ 记作 E 的约化椭圆曲线. 定义

$$a_\ell := \ell + 1 - \#\overline{E}(\mathbb{F}_\ell).$$

如果 $\ell \nmid a_\ell$, 我们称 E 在 ℓ 处有常规约化 (ordinary reduction), 否则称 E 有超奇异约化 (supersingular reduction).

如果 E 在 ℓ 处有好的约化或者乘性约化, 我们称 E 在 ℓ 处有半稳定约化.

定理 6 (泰特, [5], V3.1, V5.3) 令 $E/\mathbb{Q}_\ell$ 具有乘性约化. 记 v_ℓ 为 $\mathbb{Q}_\ell$ 的 ℓ-进赋值. 那么存在 $q \in \ell\mathbb{Z}_\ell$ (称作泰特周期 (period)) 满足

$$v_\ell(q) = -v_\ell(j) = v_\ell(\Delta^{\min}),$$

以及一个 ℓ-进解析同构

$$\Phi : \overline{\mathbb{Q}_\ell}^\times / q^{\mathbb{Z}} \xrightarrow{\sim} E(\overline{\mathbb{Q}_\ell})$$

满足

$$\sigma(\Phi(x)) = \Phi(\sigma x^{\delta(\sigma)}), \quad \forall \sigma \in G_{\mathbb{Q}_\ell},$$

其中 $\delta : G_{\mathbb{Q}_\ell} \to \{\pm 1\}$ 为

- 平凡特征, 如果 E 具有分裂乘性约化, 即 $\overline{E}$ 的节点处两条切线定义在 $\mathbb{F}_\ell$ 上.
- 唯一的非分歧二次特征, 如果 E 具有非分裂乘性约化, 即 $\overline{E}$ 的节点处两条切线定义在 $\mathbb{F}_{\ell^2}$ 上.

有理数域 $\mathbb{Q}$ 上的椭圆曲线

令 $E/\mathbb{Q}$ 为一条椭圆曲线. 特别地, 对任意素数 ℓ, E 可以看作是 $\mathbb{Q}_\ell$ 上的椭圆曲线.

定义 7 椭圆曲线 E 的导子 (conductor) 定义为 $N_E = \prod_\ell \ell^{m_\ell(E)}$, 其中

$$m_\ell(E) := \begin{cases} 0, & \text{如果 } E \text{ 在 } \ell \text{ 处有好的约化}, \\ 1, & \text{如果 } E \text{ 在 } \ell \text{ 处有乘性约化}, \\ \geqslant 2, & \text{如果 } E \text{ 在 } \ell \text{ 处有加性约化}. \end{cases}$$

特别地, 我们看出 $E/\mathbb{Q}$ 处处是半稳定的当且仅当 N_E 无平方因子.

对于 $\mathbb{Q}$ 上椭圆曲线, 有著名的莫德尔-韦伊定理:

定理 8 群 $E(\mathbb{Q})$ 是有限生成 $\mathbb{Z}$-模.

定理 9 $E(\mathbb{Q})$ 的挠子群只能是以下 15 种情形:

$$\mathbb{Z}/n\mathbb{Z} \ (1 \leqslant n \leqslant 10, n = 12), \quad \mathbb{Z}/2n\mathbb{Z} \times \mathbb{Z}/2\mathbb{Z} \ (1 \leqslant n \leqslant 4).$$

1.3.2 法尔廷斯

法尔廷斯最初的工作是在交换代数方面. 在施皮罗 (Lucien Szpiro) 的启发下, 他开始对阿拉凯洛夫 (Arakelov) 理论感兴趣. 他的第一个成果是关于算术曲面上的黎曼-罗赫定理. 出乎意料的是, 他发现数域上的莫德尔猜想可以使用 p-进伽罗瓦表示来证明. 并改进了一些关于模空间的紧性与 p-进系统的已有论断.

丢番图几何中的高度理论最初是由韦伊和诺斯科特 (Douglas Northcott) 在 20 世纪 20 年代发展起来的. 20 世纪 60 年代, 典范高度 (或称 Néron-泰特高度) 被提出, 人们意识到高度与射影表示之间的联系. 到

了 1983 年, 法尔廷斯在证明莫德尔猜想时发展了他的法尔廷斯高度理论. 一条定义在数域上代数簇的法尔廷斯高度是对其算术复杂度的一种衡量.

高度理论对于莫德尔-韦伊定理和莫德尔猜想的证明都至关重要. 同时, 许多关于代数簇上有理点高度的问题, 对丢番图方程、算术几何和数理逻辑的研究都有深远的影响.

1986 年, 法尔廷斯因证明了莫德尔猜想获得了菲尔兹奖.

1.3.3 弗雷和里贝特

1984 年, 弗雷注意到这两个以前不相关且未解决的问题——费马大定理和谷山-志村-韦伊猜想之间存在明显的联系. 弗雷建议费马方程的解的存在可能与谷山-志村-韦伊猜想相矛盾. 塞尔证明了他的一个关于模形式与模 p 伽罗瓦表示的猜想的一小部分, 称为 ϵ 猜想 (参见下文的弗雷曲线和里贝特定理). 加上谷山-志村-韦伊猜想就能推出费马大定理. 1986 里贝特证明了塞尔的 ϵ 猜想, 从而把费马大定理的证明归结到证明谷山- 志村- 韦伊猜想对半稳定的椭圆曲线成立.

- [谷山-志村-韦伊猜想] 有理数域上的椭圆曲线都具有模性.
- [费马方程的解与椭圆曲线的联系] 如果 a, b, c 是方程 $x^p + y^p = z^p$ 的一个非平凡整数解, p 是奇素数, 则 $y^2 = x(x - a^p)(x + b^p)$ (弗雷曲线) 将是一条半稳定的椭圆曲线, 即导子均是无平方因子的椭圆曲线. 弗雷证明了这条椭圆曲线有一些特别不寻常的性质从而它不太可能是模性的. 于是费马方程的解的存在与谷山-志村-韦伊猜想是相冲突的.

  弗雷的想法带来证明费马大定理的新路线: 首先证明弗雷曲线没有模性, 然后证明谷山-志村-韦伊猜想, 或至少证明这个猜想对半稳定的椭圆曲线成立, 因为弗雷曲线是半稳定的椭圆曲线. 如果这两点都做到了, 费马大定理就得到证明了.

- [弗雷曲线的里贝特定理] 1986 年证明塞尔的 ϵ 猜想, 它蕴含弗

雷曲线 $y^2 = x(x - a^p)(x + b^p)$ 没有模形式, 即没有模性.

- [怀尔斯定理] 1995 年怀尔斯证明了谷山-志村-韦伊猜想对半稳定的椭圆曲线成立, 从而证明了弗雷曲线不存在. 这就意味着费马方程没有非平凡的整数解. 费马大定理就此得证.

1.3.4 怀尔斯

里贝特在 1986 年对 ϵ 猜想的证明实现了弗雷提出的两个目标中的第一个. 听到里贝特的成功后, 童年时就对费马大定理着迷的英国数学家怀尔斯决定致力于完成后半部分: 证明谷山-志村-韦伊模性猜想的一个特例——该猜想对半稳定椭圆曲线成立.

怀尔斯在这项任务上秘密地工作了六年, 他将之前的工作分成小部分作为单独的论文发布, 并只向他的妻子述说.

他的第一个重大突破是基于伽罗瓦理论, 然后在 1990—1991 年左右, 发现没有现成的方法足以解决这个半稳定椭圆曲线的模性问题后, 他转而尝试为推广横向岩泽理论进行归纳论证. 到 1991 年中期, 他发现岩泽理论似乎也没有触及问题的核心. 于是, 他向同事寻求任何前沿研究和新技术的线索, 并发现了当时由科里瓦金 (Victor Kolyvagin) 和弗拉赫 (Matthias Flach) 发展的欧拉系似乎是为他的证明的归纳部分 "量身定制" 的. 怀尔斯研究并扩广了这种方法, 该方法是有效的. 由于他的工作广泛依赖于这种方法, 这方法对数学界和怀尔斯来说都是新的, 因此在 1993 年 1 月, 他请他在普林斯顿的同事卡茨 (N. Katz) 帮助检查他的推理是否有细微的错误. 他们当时的结论是, 怀尔斯使用的技术似乎是正确的.

到 1993 年 5 月中旬, 怀尔斯觉得可以告诉他的妻子他认为自己已经解决了费马大定理的证明. 到了 6 月, 他有足够的信心在 1993 年 6 月 21 日至 23 日剑桥大学的牛顿数学科学研究所举行的一个会议上通过三场报告介绍他的结果. 具体来说, 怀尔斯提出了他对半稳定椭圆曲线的谷山-志村猜想的证明; 连同里贝特对 ϵ 猜想的证明, 这意味着证明了费马大定理.

然而, 在同行评审期间发现, 该证明中的一个关键点是不正确的. 其中一个错误是关于一个特定群的阶的限定. 该错误被几位审核怀尔斯手稿的数学家发现了, 其中包括卡茨 (作为审稿人), 他于 1993 年 8 月 23 日提醒了怀尔斯.

这个错误不会使他的工作毫无价值——怀尔斯工作的每一部分本身都是非常重要和富有创新的, 他创造和发展了很多的技术. 然而, 这个错误是致命的. 虽然这个错误只涉及怀尔斯工作的一小部分, 但没有这部分证明, 就不能说费马大定理得到确切的证明. 怀尔斯花了将近一年的时间试图修复他的证明. 最初是他自己, 然后是与他以前的学生理查德·泰勒合作, 但没有成功. 到 1993 年底, 谣言四起, 说在审查之下, 怀尔斯的证明失败了, 但严重程度不详. 数学家们开始向怀尔斯施压, 要求他公开他的工作, 无论其是否完整, 以便更广泛的学者可以探索和使用他设法完成的工作. 但这个原本看似微不足道的问题非但没有得到解决, 现在却显得非常重要, 严重得多, 也更不容易解决.

怀尔斯说, 在 1994 年 9 月 19 日上午, 他濒临放弃, 几乎不得不接受他失败的事实, 并发表了他的作品, 以便其他人可以在此基础上继续创作并修复错误. 他补充说, 在他进行最后审视时, 试图了解为什么他的方法无法奏效的根本原因, 这时他突然灵光一现——科里瓦金-弗拉赫方法不能完全行得通, 但是利用它就可以使原来尝试使用的岩泽理论奏效. 他后来叙述说岩泽理论和科里瓦金-弗拉赫方法各自都是不够的, 但它们一起可以变得足够强大以克服这个最后的障碍.

"我当时坐在书桌前研究科里瓦金-弗拉赫方法. 我并不相信我可以使它发挥作用, 但我想至少我可以解释为什么它不起作用. 突然间, 我有了这个不可思议的启示. 我意识到, 科里瓦金-弗拉赫方法没有奏效, 但它是我所需要的, 使我三年前所用的岩泽理论变得可行. 因此, 从科里瓦金-弗拉赫的灰烬中似乎出现了问题的真正答案. 它是如此难以形容的美丽; 它是如此简单, 如此优雅. 我不明白我怎么会错过它, 我只是难以置信地盯着它看了 20 分钟. 然后一整天我在院里走来走去, 持续地回到我的办公桌前, 看它是否还在那里. 它仍然在那里. 我无法控制自己, 我是如此兴奋. 这是我工作生涯中最重要的时刻. 我再做的任何事情都不会有这么大的意义.”

—安德鲁·怀尔斯, 由西蒙·辛格引用

1994 年 10 月 24 日, 怀尔斯提交了两份手稿, "模椭圆曲线和费马大定理" 以及 "某些 Hecke 代数的环论性质". 其中第二篇是与泰勒合著的, 证明了某些条件的满足, 而这些条件是证明主论文中的修正步骤所需的. 这两篇论文经过审核, 作为 1995 年 5 月的《数学年鉴》的全部内容发表. 这两篇论文建立了半稳定椭圆曲线的模性定理, 这是证明费大后定理的最后一步, 距离费马大定理被提出已经过去了 358 年.

1.4 怀尔斯的证明

根据上一节的结论, 我们知道费马大定理的证明可以归结为证明谷山-志村-韦伊猜想对 $\mathbb{Q}$ 上的半稳定椭圆曲线成立, 即证明 $\mathbb{Q}$ 上所有半稳定椭圆曲线都是模性的. 而这正是怀尔斯当年证明的定理.

定理 10 (怀尔斯, 1995) 定义在 $\mathbb{Q}$ 上的所有半稳定椭圆曲线都是模性的.

这样的模性问题可以归结到关于 p-进伽罗瓦表示的问题. 对半稳定椭圆曲线 E, 可以定义一个半稳定 p-进伽罗瓦表示 $\rho_{E,p}$, 其中 p 是某个素数. 要证明的是 $\rho_{E,p}$ 为模性伽罗瓦表示, 一个必要条件就是它的约化 $\bar{\rho}$ 是模性的. 怀尔斯的想法是从 $\bar{\rho}$ 为模性这个条件出发, 证明 ρ 是模性的. 这种类型的问题, 我们称之为模性提升 (modularity lifting) 问题. 怀尔斯证明了如下定理:

定理 11 (怀尔斯模性提升定理) 令 p 是一个奇素数. 令 $\rho : G_{\mathbb{Q}} \to \mathrm{GL}_2(\mathcal{O})$ 是一个 p-进伽罗瓦表示. 假设模 p 约化 $\bar{\rho}$ 是绝对不可约的、模性的、半稳定的, 且 $\det(\bar{\rho}) = \epsilon_p$. 那么, ρ 是模性的.

根据定理 11, 为了证明定理 10, 只需要找到一个素数 p, 使得 $\overline{\rho}_{E,p}$ 是模性的. 这是塞尔猜想类型的问题. 幸运的是, 在怀尔斯之前, 朗兰兹-腾内尔 (Langlands-Tunnell) 已经证明了如果 $\overline{\rho}_{E,3}$ 是不可约的, 则 $\overline{\rho}_{E,3}$ 是模性的. 但遗憾的是 $\overline{\rho}_{E,3}$ 不总是不可约的, 为此怀尔斯建立了如下技巧:

引理 12 如果 $E/\mathbb{Q}$ 是一条半稳定椭圆曲线, 满足 $E[3]$ 是可约的, 那么 $E[5]$ 是不可约的, 并且存在另一条半稳定椭圆曲线 $A/\mathbb{Q}$ 使得作为 $G_{\mathbb{Q}}$-模, $E[5] \simeq A[5]$, 以及 $A[3]$ 是不可约的.

现在我们可以在定理 11 前提下, 证明定理 10. 对于任意一条 $\mathbb{Q}$ 上的椭圆曲线 E, 如果 $E[3]$ 是不可约的, 可知 $\overline{\rho}_{E,3}$ 是模性的, 从而根据模性提升定理, $\rho_{E,3}$ 是模性的; 如果 $E[3]$ 是可约的, 则可以用上述技巧, 找到另一条半稳定椭圆曲线 $A/\mathbb{Q}$, 使得 $A[5] \simeq E[5]$ 并且 $A[3]$ 是不可约的. 由此, $\rho_{A,3}$ 是模性的. 故 $\rho_{E,5}$ 也是模性的. 因为 $A[5] \simeq E[5]$, 所以 $\overline{\rho}_{E,5}$ 是模性的, 再用模性提升定理, 知道 $\rho_{E,5}$ 是模性的. 最终, 我们证明了 $\mathbb{Q}$ 上所有半稳定椭圆曲线是模性的.

1.5 延伸——朗兰兹纲领

理解椭圆曲线模性猜想的正确框架是自守表示与伽罗瓦表示之间的朗兰兹对应. 粗略地说, 对数域 F 上约化代数群 GL_2, 整体朗兰兹对应给出 $\mathrm{GL}_n(\mathbb{A}_F)$ 的代数自守尖表示与几何 p-进伽罗瓦表示 $G_F \to \mathrm{GL}_2(\overline{\mathbb{Q}}_p)$ 之间的对应. 特别地, 当 $F = \mathbb{Q}$ 时, 权为 2 的模形式可生成 $\mathrm{GL}_2(\mathbb{A}_{\mathbb{Q}})$ 的代数自守表示, 而椭圆曲线的泰特模是几何 p-进伽罗瓦表示的典型例子, 从而朗兰兹对应推广了谷山-志村-韦伊模性猜想.

对全实数域 F, 艾希勒 (Eichler)-志村构造有如下推广:

定理 13 (艾希勒-志村) 令 π 是一个 $\mathrm{GL}_2(\mathbb{A}_F^{\infty})$ 上的权为 (k, η) 的正则的尖自守表示. 那么存在一个复乘域 L_{π}, 对任意 L_{π} 的有限素位 w 存在一个连续的不可约伽罗瓦表示

$$r_w(\pi) : G_F \to \mathrm{GL}_2(\overline{L_{\pi,w}})$$

使得

(1) 若 π_v 是非分歧的, 并且 v 不整除 w 的剩余类域的特征, 那么 $r_w(\pi)|_{G_{F_v}}$ 也是非分歧的, 并且 Frob_v 的特征多项式是 $X^2 - t_v X + (\#k_v)s_v$. 这里 t_v 与 s_v 是 T_v 和 S_v 在 $\pi_v^{\mathrm{GL}_2(\mathcal{O}_{F_v})}$ 上的特征根.

(2) 更一般地, $WD(r_w(\pi)|_{G_{F_v}})^{F\text{-}ss} \simeq \mathrm{rec}_{F_v}(\pi_{v \otimes |\det|^{-1/2}})$.

(3) 若 v 整除 w 的剩余类域的特征, 那么 $r_w(\pi)|_{G_{F_v}}$ 是德拉姆的, 并且它的 τ-霍奇-泰特权为 $\eta_\tau, \eta_\tau + k_\tau - 1$. 这里 $\tau : F \hookrightarrow \overline{L_\pi} \subset \mathbb{C}$ 是一个 v 上的嵌入. 若 π_v 是非分歧的, 那么 $r_w(\pi)|_{G_{F_v}}$ 是晶体的.

(4) 若 c_v 是复共轭, 那么 $\det r_w(\pi)(c_v) = -1$.

定义 14 一个伽罗瓦表示 $\rho : G_F \to \mathrm{GL}_2(\overline{\mathbb{Q}}_p)$ 称为模性的 (权为 (k,η)), 如果它与 $i(\rho_w(\pi))$ 是同构的, 这里 π 是一个 (权为 (k,η)) 的尖自守表示, $i : L_\pi \hookrightarrow \overline{\mathbb{Q}}_p$ 是一个在 w 之上的嵌入.

采用朗兰兹对应的观点, 系统地应用伽罗瓦和自守表示的理论, 我们可以推广泰勒-怀尔斯 (Taylor-Wiles) 的修补 (patching) 机制, 证明更一般的模性提升定理. 作为例子, 我们有如下的方丹·拉斐尔 (Fontaine-Laffaille) 情形的模性提升定理.

定理 15 令 F 是全实数域. 令 $p > 3$ 是一个素数, $L/\mathbb{Q}_p$ 是一个有限扩张, 其整数环为 $\mathcal{O}$, 极大理想为 $\mathfrak{m}_{\mathcal{O}}$, 剩余类域为 k. 假设 L 包含了所有嵌入 $F \hookrightarrow \overline{\mathbb{Q}}_p$ 的像. 设 $\rho, \rho_0 : G_F \to \mathrm{GL}_2(\mathcal{O})$ 是两个连续表示, 满足 $\overline{\rho} = \rho \pmod{\mathfrak{m}_{\mathcal{O}}} = \rho_0 \pmod{\mathfrak{m}_{\mathcal{O}}}$. 假设 ρ_0 是模性的并且 ρ 是几何的, 进一步假设下述条件成立:

(1) p 在 F 中非分歧;

(2) $\mathrm{Im}\overline{\rho} \supseteq \mathrm{SL}_2(\mathbb{F}_p)$;

(3) 对所有的素位 $v|p$, $\rho|_{G_{F_v}}$ 和 $\rho_0|_{G_{F_v}}$ 都是晶体的;

(4) 存在整数 a, 使得对所有的嵌入 $\sigma : F \hookrightarrow L$, $\mathrm{HT}_\sigma(\rho) = \mathrm{HT}_\sigma(\rho_0)$ $\subseteq \{a, a+1, \cdots, a+p-2\}$ 且包含两个不同的元素.

那么 ρ 是模性的.

在证明中, 有如下几个因素简化了最初泰勒-怀尔斯的修补机制.

- 带标架的形变理论允许我们在局部形变环 (的张量积) 上呈现整体形变环;
- 基于对 $\ell \neq p$ 的局部变形环的详细研究, 泰勒引入了一个重要的技巧 (称为泰勒的伊原 (Ihara) 回避技巧) 来避免使用伊的原引理;
- 基于对 $\ell = p$ 的局部变形环的深入研究, 基辛 (Kisin) 的精细修补机制允许人们同时处理极小和非极小情况;
- 自守表示中的朗兰兹函子性极大地简化了赫克代数 (的整结构) 的研究.

 1.6 附录: $n = 3$ 情形

命题 16   不定方程 $x^3 + y^3 + z^3 = 0$, $xyz \neq 0$ 没有整数解.

证明   ([2] 第四章、第十二章)   我们将证明分成 6 部分.

(1) 设 x, y, z 是一组非零整数解. 由于方程是齐次的, 可以不妨设它们是本原的, 即满足

$$(x, y) = (y, z) = (x, z) = 1,$$

此时, x, y, z 必然是两奇一偶. 不妨设 x, y 是奇数, z 是偶数. 我们进而可以假设该解有如下最小性: 在满足以上条件的解中 $|z|$ 最小的. 我们将试图找到另外一组符合条件但是 $|z|$ 更小的解, 从而推出矛盾.

(2) 由于 x, y 为奇数, 所以存在整数 a, b 满足 $x + y = 2a, x - y = 2b$. 于是 $x = a + b, y = a - b$. 易知 $(a, b) = 1$, $a \neq b$.

故得到

$$-z^3 = x^3 + y^3 = (a + b)^3 + (a - b)^3 = 2a(a^2 + 3b^2).$$

由于 x 是奇数, 知 a,b 一奇一偶, $a^2 + 3b^2$ 也是奇数. 另外由上式, z 是偶数, 因而 $4|a$, b 也是奇数.

(3) $(2a, a^2 + 3b^2) = 1$ 或 3.

首先, $(2a, a^2 + 3b^2)$ 也为奇数. 其次, 设 p 为 $2a$ 和 $a^2 + 3b^2$ 的素因子, 则 p 为奇数并且整除 a. 如果 $p \geqslant 5$, 则 $p|a^2 + 3b^2$, 因而 $p|3b^2$, 进而 $p|b$. 这与 (2) 中的结论 $(a,b) = 1$ 矛盾. 于是若这样的 p 存在则 $p = 3$.

但是, 由 $3|a^2 + 3b^2$, 则 $3|a$. 由于 $(a,b) = 1$, $3 \nmid b$. 因而 $9 \nmid 3b^2$, 进而 $9 \nmid a^2 + 3b^2$. 因此 $(2a, a^2 + 3b^2) = 1$ 或 3.

(4) 我们将分两种情况讨论. 在讨论之前, 我们引述关于不定方程

$$N = X^2 + 3Y^2 \qquad\qquad (4)$$

的整解的几个结论. 这里 N 是正整数. 这些将在后面的论证 (第 (6) 部分) 中起到很重要的作用. 关于该不定方程的讨论可参见 [2] 第十二章.

我们的结论是:

(4-a) 方程 (4) 有整解, 当且仅当 N 满足以下的条件: 对 N 的任意素因子 p, 如果 $p \equiv 2 \pmod 3$, 则 $v_p(N)$ 是偶数. 这里 $v_p(N)$ 是 N 的因式分解中素数 p 的重数.

特别地, 若方程对 $N = n^3$ 有整解, 则方程对 $N = n$ 也有整解.

(4-b) 设 $(N, 6) = 1$ 且整数 t 满足 $t^2 \equiv -3 \pmod N$. 则方程 (4) 有唯一的正整数本原解 x, y 满足条件 $(x, y) = (xy, N) = 1$, $ty \equiv \pm x \pmod N$.

特别地, 方程有本原解 x, y, 即 $(x, y) = 1$ 当且仅当 N 的所有素因子 $p \equiv 1 \pmod 6$. 此时当 $N = p^r$ 为素因子方幂, $p \equiv 1 \pmod 6$ 时, 方程有唯一的本原正整数解.

(4-c) 设 $n^3 = a^2 + 3b^2$ 对某些互素的正整数 a, b 成立, 并且 $(n, 6) = 1$. 则 $n = u^2 + 3v^2$ 对正整数 u, v 成立, 并且 u, v 互素, 由以下条件确定:

$$a = u|u^2 - 9v^2|, \quad b = v|u^2 - v^2|.$$

我们将在步骤下一部分证明这些论断, 之后利用这些结论做进一步讨论.

(5) 我们一件件地说. 记满足方程 (4) 有整数解的 N 的集合为 S.

(5-1) 若 $n, n' \in S$, 则 $nn' \in S$.

原因, 若

$$n = a^2 + 3b^2, \quad n' = c^2 + 3d^2,$$

则

$$nn' = (a^2 + 3b^2)(c^2 + 3d^2)$$
$$= (ac - 3bd)^2 + 3(ad + bc)^2$$
$$= (ac + 3bd)^2 + 3(ad - bc)^2.$$

(5-2) 设 $(N, 6) = 1$. 则存在整数 t 满足 $t^2 \equiv -3 \equiv N$ 当且仅当 N 的每一个素因子 $p \equiv 1 \pmod 6$.

必要性: 假设 $t^2 \equiv -3 \pmod N$ 有解. 设 p 是 N 的任意素因子. 则 -3 为模 p 的完全平方剩余. 注意到由高斯二次互反律:

$$\left(\frac{-3}{p}\right) = \left(\frac{3}{p}\right)\left(\frac{-1}{p}\right)$$
$$= \left(\frac{p}{3}\right)(-1)^{\frac{(p-1)(3-1)}{2}}(-1)^{\frac{p-1}{2}}$$
$$= \begin{cases} 1 & (p \equiv 1 \pmod 3), \\ -1 & (p \equiv 2 \pmod 3). \end{cases}$$

因而, 由 $\left(\dfrac{-3}{p}\right) = 1$, 有 $p \equiv 1 \pmod 6$.

充分性: 假设 N 的每一个素因子 $p \equiv -1 \pmod 6$. 首先假设 $N = p^r$ 为素数方幂. 当 $r = 1$ 时, 由 $p \equiv 1 \pmod 6$, 知 $\left(\dfrac{-3}{p}\right) = 1$, 因

而 -3 是模 p 完全平方剩余. 对于一般的 r, 若 t_1 满足 $t_1^2 \equiv -3 \pmod{p}$, 则存在整数 t_r 满足

$$t_r^2 \equiv -3 \pmod{p^r}, \quad t_r \equiv t_{r-1} \pmod{p^{r-1}},$$

实际上, 可以取 $t_r = t_{r-1} + p^{r-1}z_r$ 满足

$$2z_r \equiv \frac{t_{r-1}^2 + 3}{p^{r-1}} \pmod{p}.$$

由证明可知, 这样的 z_r 选取模 p 是唯一的, 因此 $t_r \pmod{p^r}$ 也是唯一的.

对于一般的这样的 N, 设 $N = p_1^{r_1} p_2^{r_2} \cdots p_s^{r_s}$, 素因子 $p_1, p_2, \cdots, p_s \equiv 1 \pmod{6}$. 由上一段分析, 存在 t_i 满足 $t_i^2 \equiv -3 \pmod{p_i^{r_i}}$ $(i = 1, \cdots, s)$. 由中国剩余定理, 存在整数 t 满足 $t \equiv t_i \pmod{p_i^{r_i}}$. 这样的 t 满足要求.

(5-3) 我们证明 (4-a) 的必要性.

设 $N \in S$, 并且 $p | N$ 以及 $p \equiv 2 \pmod{3}$. 现在证明 $v_p(N)$ 是偶数.

首先假设 p 是奇素数. 因而 $p \equiv 5 \pmod{6}$. 设 $N = x^2 + 3y^2$ 并记 $r = \min(v_p(x), v_p(y))$.

如果 $v_p(x) \neq v_p(y)$, 则 $v_p(x^2) = 2v_p(x) \neq v_p(3y^2) = 2v_p(y)$, $v_p(N) = v_p(x^2 + 3y^2) = 2r$ 为偶数.

如果 $r = v_p(x) = v_p(y)$, 则 $p^{2r} | N = x^2 + 3y^2$. 记 $N' = \dfrac{N}{p^{2r}}, x' = \dfrac{x}{p^r}, y' = \dfrac{y}{p^r}$. 则 $N' = x'^2 + 3y'^2$. 若 $v_p(N)$ 为奇数, 则 $v_p(N') = v_p(N) - 2r > 0$. 因而 $x'^2 + 3y'^2 = N' \equiv 0 \pmod{p}$. 由 (5-2) 推出矛盾, 因为此时同余方程没有非零解.

其次假设 $p = 2$. 设 $N = x^2 + 3y^2$ 并记 $r = \min(v_2(x), v_2(y))$.

如果 $v_2(x) \neq v_2(y)$, 则 $v_2(x^2) = 2v_2(x) \neq v_2(3y^2) = 2v_2(y)$, $v_2(N) = v_2(x^2 + 3y^2) = 2r$ 为偶数.

如果 $r = v_2(x) = v_2(y)$，则 $2^{2r}|N = x^2 + 3y^2$. 记 $N' = \dfrac{N}{2^{2r}}$，$x' = \dfrac{x}{2^r}$，$y' = \dfrac{y}{2^r}$. 则 $N' = x'^2 + 3y'^2$ 且 x', y' 为奇数. 则 $N' \equiv 1 + 3 = 4 \pmod 8$，因而 $v_2(N') = 2$，$v_2(N) = 2 + 2r$ 为偶数.

(5-4) 现在证明，若素数 $p \equiv 1 \pmod 6$，则 $p \in S$. 注意到此时 $p \geqslant 7$.

事实上，由 (5-2)，$X^2 + 3Y^2 \equiv 0 \pmod 6$ 有非零解. 因而存在 p 的倍数在 S 中. 现设 $pm \in S$ 为在 S 中最小的 p 的倍数. 我们希望证明 $m = 1$.

首先，$m < p$. 因为 $p \equiv 1 \pmod 6$，-3 是模 p 的完全平方剩余. 存在 $u \in \mathbb{Z}$，$p | u^2 + 3$. 可以取 $|u| < \dfrac{p}{2}$，则 $u^2 + 3 < \dfrac{p^2}{4} + 3 < p^2$. 因而 $\dfrac{u^2 + 3}{p} < p$. 因而 $m < p$.

设此时

$$x^2 + 3y^2 = pm$$

使得 m 最小. 我们要推出 $m = 1$.

首先，m 为奇数. 原因: 若 m 为偶数，由 (4-2)，(5-3)，m 至少是 4 的倍数. 如果 x, y 为偶数，则

$$\frac{m}{4}p = \left(\frac{x}{2}\right)^2 + 3\left(\frac{y}{2}\right)^2;$$

如果 x, y 为奇数，则

$$\frac{m}{4}p = \left(\frac{x-3}{2}\right)^2 + 3\left(\frac{y+1}{2}\right)^2,$$

因而 $\dfrac{m}{4}p \in S$，这和 m 的选取相矛盾.

因而 m 为奇数. 假设 $m > 1$. 记 x', y' 为满足以下条件的整数: $x' \equiv x$，$y' \equiv y \pmod m$ 以及 $|x'|, |y'| < \dfrac{m}{2}$. 由于 m 为奇数，$\dfrac{m}{2}$ 不是整数.

$$x'^2 + 3y'^2 < \left(\frac{m}{2}\right)^2 + 3\left(\frac{m}{2}\right)^2 = m^2.$$ 并且 $x'^2 + 3y'^2 \equiv x^2 + 3y^2 \equiv 0$ (mod m).

记 $x'^2 + 3y'^2 = mm', m' < m$. 则

$$xx' + 3yy' \equiv x^2 + 3y^2 \equiv 0 \quad (\text{mod } m),$$

$$xy' - yx' \equiv 0 \quad (\text{mod } m),$$

因而

$$\frac{xx' + 3yy'}{m}, \frac{xy' - yx'}{m} \quad \text{都是整数}.$$

从而由 (5-1),

$$mpmm' = m^2 m' p = (x^2 + 3y^2)(x'^2 + 3y'^2) = (xx' + 3yy')^2 + 3(xy' - yx')^2,$$

进而

$$m'p = \left(\frac{xx' + 3yy'}{m}\right)^2 + 3\left(\frac{xy' - yx'}{m}\right)^2,$$

因而 $m'p \in S, m' < m$, 这与 m 的选取矛盾.

因此, $m = 1, p \in S$.

(5-5) (4-a) 的充分性也不成问题. 因为由 (5-4) 对所有的素数 $p \equiv 1$ (mod 6), $p \in S$, 另外 $m^2 = m^2 + 30^2 \in S, 3 = 0^2 + 31^2 \in S$, 由 (5-1) 得证.

(5-6) 设 $(N, 6) = 1$. 方程 $X^2 + 3Y^2 = N$ 有本原整解, 即满足 X, Y, N 两两互素的解, 当且仅当 N 的每一个素因子 $p \equiv 1$ (mod 6).

必要性: 设方程有本原整解 x, y, 且 p 为 N 的素因子. 则 $x^2 + 3y^2 \equiv 0$ (mod p). 由于 X, Y, N 两两互素, 上述同余式两边除掉 y^2 知 -3 是模 p 的完全平方剩余, 因而由 (5-2), $p \equiv 1$ (mod 6).

充分性: 设 N 的每一个素因子 $p \equiv 1$ (mod 6). 则由 (5-2) 存在整数 $t, t^2 \equiv -3$ (mod N). 我们证明:

(5-6-i) $X^2 + 3Y^2 = N$ 有本原解满足 $X \equiv tY$ (mod N).

首先, 当 $N = p \equiv 1 \pmod 6$ 为素数时. 由 (5-4), 存在整数 x, y $x^2 + 3y^2 = p$. 我们显然有 x, y, p 两两互素. 另外, $x \equiv \pm ty \pmod p$, 因为

$$x^2 + 3y^2 = p \equiv 0 \equiv (t^2 + 3)y^2 \pmod p$$

所以 $x^2 \equiv (ty)^2 \pmod p$, 故 $x \equiv \pm ty \pmod p$. 调整符号, 则该命题得证.

其次, 设 $N = N_1 N_2$ 所有素因子 $p \equiv 1 \pmod 6$, 并且 $x_1, y_1; x_2, y_2$ 满足

$$x_1^2 + 3y_1^2 = N_1, \quad x_2^2 + 3y_2^2 = N_2,$$
$$(x_1, y_1) = (x_2, y_2) = (N, x_1 y_1) = (N, x_2 y_2) = 1,$$
$$x_1 \equiv ty_1 \pmod{N_1}, \quad x_2 \equiv ty_2 \pmod{N_2}.$$

令

$$x = x_1 x_2 - 3y_1 y_2, \quad y = x_1 y_2 + x_2 y_1.$$

则

$$x^2 + 3y^2 = N, \quad (x, y) = (N, xy) = 1,$$
$$x \equiv ty \pmod N.$$

实际上, 由 (5-1), $x^2 + 3y^2 = N_1 N_2 = N$.

令 p 为任意素数. 若 $p \nmid N$, 则 x, y 不可能有公因子 p, 进而 p 不可能为 x, y, N 之二的公因子.

若 $p | N$, 则 $v_p(N) = r = r_1 + r_2$, $v_p(N_i) = r_i$, $r > 0$, 因而 r_1, r_2 之一大于 0. 设 $r_1 > 0$, 则

$$x - ty = (x_1 x_2 - 3y_1 y_2) - t(x_1 y_2 + x_2 y_1)$$
$$= (x_1 - ty_1)x_2 - (3y_1 + tx_1)y_2 \pmod p$$
$$= 0x_2 - (3 + t^2)x_1 y_2 \pmod p$$
$$\equiv 0 \pmod p.$$

因而 $x \equiv ty \pmod{p}$. 同理, 若 $r_2 > 0$ 我们也有同样的结论.

现在, 若 p 为 x, y 之一的因子, 则由方程, p 整除 x, y, N. 但是, 这不可能. 实际上, 若 $r_1 > 0, r_2 = 0$, 则 $p \nmid N_2$

$$
\begin{aligned}
y(x_2 - ty_2) &= (x_1 y_2 + y_1 x_2)(x_2 - ty_2) \\
&\equiv y_1(ty_2 + x_2)(x_2 - ty_2) \quad \pmod{p} \\
&= y_1(x_2^2 - t^2 y_2^2) \quad \pmod{p} \\
&\equiv y_1(x_2^2 + 3y_2^2) \quad \pmod{p} \\
&\equiv y_1 N_2.
\end{aligned}
$$

因 $(x_1 y_1, N_1) = 1, p \nmid y_1$. 又 $p \nmid N_2, p \nmid y$. 同理, 若 $r_2 > 0, r_1 = 0$, 我们也有同样的结论. 最后若 $r_1, r_2 > 0$, 则

$$
\begin{aligned}
y &= x_1 y_2 + y_1 x_2 \\
&\equiv 2t y_1 y_2 \quad \pmod{p}.
\end{aligned}
$$

因 $(x_1 y_1, N_1) = (x_2 y_2, N_2) = 1, p \nmid t, y_1, y_2$. 因而 $p \nmid y$.

因而, x, y, N 两两互素.

最后, $x \equiv ty \pmod{N}$. 实际上, 对任意 N 的素因子 $p, r = v_p(N)$. 我们希望证明 $x \equiv ty \pmod{p^r}$. 实际上, $x^2 \equiv -3y^2 \equiv (ty)^2 \pmod{p^r}$. 因而 $x \equiv \pm ty \pmod{p^r}$. 又 $x \equiv ty \pmod{p}$, 我们有 $x \equiv ty \pmod{p^r}$. 由中国剩余定理, $x \equiv ty \pmod{N}$.

因而由归纳法, (5-6-i) 对所有这样的 N 得证.

(5-7) 现在证明 (4-b).

第一段, 存在性已由 (5-6) 完成.

唯一性, 这等价于证明: 若 $(x, y), (z, w)$ 为 $X^2 + 3Y^2 = N$ 两个本原整解, 满足条件

$$
ty \equiv x, \quad tw \equiv z \quad \pmod{N},
$$

则 $x = \pm z, y = \pm w$, 并且正负号取法统一.

事实上, 我们有

$$xz \equiv t^2 yw \equiv -3yw \quad (\bmod\ N),$$

以及

$$xw \equiv yz \quad (\bmod\ N).$$

因而 $X = \dfrac{xz - 3yw}{N}, Y = \dfrac{yz + xw}{N}$ 为 $X^2 + 3Y^2 = 1$ 的整解. 特别地, $\dfrac{yz - xw}{N} = 0$, 因而 $yz = xw$. 显然 $x, y, z, w \neq 0$. 因而 $\dfrac{x}{y} = \dfrac{z}{w}$, 并设其为 λ. 因而

$$N = x^2 + 3y^2 = y^2(\lambda^2 + 3) = z^2 + 3w^2 = w^2(\lambda^2 + 3).$$

因而 $z = \pm x, w = \pm y$, 并且正负号相同选取.

注意到当 $N = p^r$ 为素数方幂时, $-3\ (\bmod\ p^r)$ 的平方根只有 $\pm t$, (4-b) 的第二段表述也得证.

(5-8) 最后我们证明 (4-c). 设 $N = n^3 = X^2 + 3Y^2$ 有本原正整数解 a, b. 由 (4-b), N 和 n 的每一个素因子 $p \equiv 1\ (\bmod\ 6)$. 因而 $n = X^2 + 3Y^2$ 也有本原正整数解. 现在, 设整数 t 满足条件

$$t^2 \equiv -3, \quad a \equiv tb \quad (\bmod\ n^3).$$

由 (4-b), 存在唯一的正整数 u, v, 满足 u, v, n 两两互素,

$$n = u^2 + 3v^2, \quad u \equiv \pm tu \quad (\bmod\ n).$$

记

$$a' = u(u^2 - 9v^2), \quad b' = 3v(u^2 - v^2).$$

则

$$a'^2 + 3b'^2 = (u^3 - 9uv^2)^2 + 3(3(u^2v - v^3))^2$$

$$= u^6 + 9u^4v^2 + 27u^2v^4 + 27v^3$$

$$= (u^2 + 3v^2)^2,$$

并且 u, v, n 两两互素. 由 (4-b) 唯一性, $a = |a'|, b = |b'|$. 结论得证.

(6) 我们接着 (3) 继续论证.

(6-1) 如果 $(2a, a^2 + 3b^2) = 1$, 由

$$-z^3 = x^3 + y^3 = (a+b)^3 + (a-b)^3 = 2a(a^2 + 3b^2)$$

以及算术基本定理得

$$2a = r^3, \quad a^2 + 3b^2 = s^3, \quad z = -rs, \quad 2 \nmid s.$$

因而由 (4-c), 存在正整数 u, v 满足

$$s = u^2 + 3v^2, \quad a = u|u^2 - 9v^2|, \quad b = 3v|u^2 - v^2|.$$

此时由 (2) 知, $4|a, b$ 为奇数, 且 $(a, b) = 1$, 于是, $(u, v) = 1, u > 0, v$ 为奇数, u 为偶数. 又由 $3 \nmid a$ 知 $3 \nmid u$. 故有 $r^3 = 2a = 2u|u - 3v||u + 3v|$. 易知整数 $2u, u - 3v, u + 3v$ 是两两互素的. 故而

$$r^3 = 2a = 2u|u - 3v||u + 3v|.$$

于是存在两两互素的整数 l, m, n 满足

$$2u = -l^3, \quad u - 3v = m^3, \quad u + 3v = n^3,$$

此处 $lmn \neq 0$, 且 $l^3 + m^3 + n^3 = 0, l$ 为偶数. 因为 $b \neq 0, 3 \nmid u$, 故

$$|z|^3 = |2a(a^2 + 3b^2)|$$

$$= |l^3||m^2||n^3||a^2 + 3b^2|$$

$$\geqslant 3|l^3| > |l^3|,$$

即 $|l| < |z|$, 与所设 $|z|$ 的最小性矛盾.

(6-2) 如果 $(2a, a^2 + 3b^2) = 3$, 由于 $(a, b) = 1$, 立知 $3|a$. 我们设 $a = 3c$. 由

$$-z^3 = x^3 + y^3 = (a + b)^3 + (a - b)^3$$

$$= 2a(a^2 + 3b^2) = 6c(9c^2 + 3b^2) = 18c(b^2 + 3c^2),$$

以及算术基本定理得

$$18c = r^3, \quad b^2 + 3c^2 = s^3, \quad z = -rs, \quad 2 \nmid s.$$

因而由 (4-c), 存在正整数 u, v 满足

$$s = u^2 + 3v^2, \quad b = u|u^2 - 9v^2|, \quad c = 3v|u^2 - v^2|.$$

此时由 (2) 知, $4|a, c, b$ 为奇数, 且 $(a, b) = (b, c) = 1$, 于是, $(u, v) = 1$, $u, v > 0$, u 为奇数, v 为偶数, $3 \nmid b, u$, $(18c, b^2 + 3c^2) = 1$. 故有 $r^3 = 18c = 54v|u + v||u - v|$. 易知整数 $54v, u - v, u + v$ 是两两互素的. 故而

$$r^3 = 54c = 54v|u - v||u + v|.$$

于是存在两两互素的整数 l, m, n 满足

$$54v = -(3l)^3, \quad u - v = -m^3, \quad u + v = n^3,$$

此处 $lmn \neq 0$, 且 $l^3 + m^3 + n^3 = 0$, l 为偶数. 因为 $b \neq 0, 3 \nmid u$, 故

$$|z|^3 = |18c(b^2 + 3c^2)|$$

$$= |(3l)^3||m^2||n^3||b^2 + 3c^2|$$

$$\geqslant 81|l^3| > |l^3|,$$

即 $|l| < |z|$, 与所设 $|z|$ 的最小性矛盾.

我们已经证明了 3 次费马方程没有非零的整数解! 证毕.

 参 考 文 献

[1] Breuil C, Conrad B, Diamond F, Taylor R. On the modularity of elliptic curves over $\mathbb{Q}$: Wild 3-adic exercises. J. Amer. Math. Soc., 2001, 14: 843-939.

[2] 柯召, 孙琦. 数论讲义 (上、下). 北京: 高等教育出版社, 2001.

[3] www.wikipedia.org 维基百科网站, 中英文版本.

[4] Silverman J. The Arithmetic of Elliptic Curves. GTM 106. New York: Springer, 1986.

[5] Silverman J. Advanced Topics in the Arithmetic of Elliptic Curves. GTM 151. New York: Springer, 1994.

[6] Wiles A. Modular elliptic curves and Fermat's last theorem. Annals of Mathematics, 1995, 141: 443-551.

[7] Taylor R, Wiles A. Ring theoretic propeties of certain Hecke algebras. Annals of Mathematics, 1995, 141: 553-772.

2 朗兰兹纲领简介

胡永泉

二次互反律是数论中最基本、最美妙的定理之一, 在数论的发展过程中有着无可替代的重要地位. 推广二次互反律一直是近代数论的最核心问题. 20 世纪初建立的类域论完全解决了阿贝尔数域上的一般互反律问题. 朗兰兹纲领的一个原始动机, 就是要对更一般情形的互反律提供完全的理解.

朗兰兹纲领最初由数学家罗伯特·朗兰兹 (Robert Langlands) 于 1967 年在写给韦伊的一封信中提出. 在这封信中, 他指出了数学中相对独立发展起来的分支——数论、表示论和调和分析——之间可能存在的深刻联系. 如今, 朗兰兹纲领的思想已经渗透到许多数学领域中, 有人把它称为数学中的 "大一统" 理论. 本文将从二次互反律出发, 介绍朗兰兹纲领的主要思想.

2.1 二次互反律及类域论

2.1.1 二次互反律

二次互反律最早产生于 17 世纪费马的时代, 它起源于求解二次同余方程的问题. 两个整数 m, n 被称作是模 p **同余**的 (p 为正整数), 如果

它们的差是 p 的倍数, 记作

$$m \equiv n \ (模 \ p).$$

比如 $10 - 3 = 7$, 所以 $10 \equiv 3 \ (模 \ 7)$.

同余的概念在生活中经常遇到. 比如, 每星期有 7 天, 每天都对应星期一至星期日中的某一天, 周而复始. 这相当于将自然数除以 7 后只保留它的余数, 总取值于 $\{0, 1, 2, 3, 4, 5, 6\}$.

两个模 p 的数可以作加、减、乘法运算. 例如

$$4 + 5 = 9 \equiv 2 \ (模 \ 7),$$

$$6 + 31 = 5 \times 7 + 2 \equiv 2 \ (模 \ 7),$$

$$3 \times 5 = 15 \equiv 1 \ (模 \ 7).$$

第二个式子在生活中对应于: 如果某年 1 月 1 日是星期六, 那么 2 月 1 日就是星期二. 如果这一年共有 365 天, 利用同余我们可以轻松计算出下一年 1 月 1 日是星期日:

$$6 + 365 \equiv 6 + 1 \equiv 0 \ (模 \ 7).$$

有趣的事情发生在 p 是一个素数 (质数) 时, 这时有模 p 除法运算. 例如, 想计算 4 除以 5, 我们只需要计算 $\frac{1}{5}$ (模 7). 因为 $3 \times 5 = 15 \equiv 1 \ (模 \ 7)$, 所以 $\frac{1}{5} = 3 \ (模 \ 7)$,

$$4 \div 5 = 4 \times \frac{1}{5} = 4 \times 3 = 12 \equiv 5 \ (模 \ 7).$$

以下我们用 $\mathbb{F}_p$ 表示所有模 p 的数 $\{0, 1, \cdots, p-1\}$. 在 $\mathbb{F}_p$ 中有加、减、乘、除四则运算, 并且满足通常的交换、分配法则; 数学上将 $\mathbb{F}_p$ 称为一个域.

接下来要考虑的是开平方运算, 或者说求解二次同余方程 $x^2 \equiv a$ (模 p). 在整数中可以开平方的数称为平方数, 如 $4 = 2^2, 9 = 3^2$ 等. 如果整数 a 是模 p 的平方数, 即 a 与某个整数的平方模 p 同余, 称 a 是模 p 的**二次剩余**. 否则的话, 称 a 是模 p 的**二次非剩余**. 容易证明, 当 p 为奇数时, 在 $\{1, 2, \cdots, p-1\}$ 中, 二次剩余与二次非剩余的个数各占一半.

例 取 $p = 23$, 容易算出模 23 的 (非零) 二次剩余有 $1, 2, 3, 4, 6, 8, 9, 12, 13, 16, 18$, 见表 1.

表 1

a	模 23
1	$1 = 1^2$
2	$2 \equiv 23 + 2 = 5^2$
3	$3 \equiv 2 \times 23 + 3 = 7^2$
4	$4 = 2^2$
6	$6 \equiv 5 \times 23 + 6 = 11^2$
8	$8 \equiv 4 \times 23 + 8 = 10^2$
9	$9 = 3^2$
12	$12 \equiv 3 \times 23 + 12 = 9^2$
13	$13 \equiv 23 + 13 = 6^2$
16	$16 = 4^2$
18	$18 \equiv 2 \times 23 + 18 = 8^2$

需要注意的是, 判断一个数是否二次剩余是很不显然的: 比如 13 本身是一个素数, 但模 23 后却是平方数.

如果两个数 a, b 都是二次剩余, 其乘积 ab 当然也是; 如果 a, b 中只有一个是二次剩余, 其乘积一定不是. 那么如果 a, b 都是二次非剩余, 它们的乘积是不是呢? 来看一下 $p = 23$ 时的情况: $5, 7, 10, 11, 14, 15, 17, 19, 20, 21, 22$ 是模 23 的二次非剩余, 但

$$5 \times 7 = 23 + 12 \equiv 12,$$

$$10 \times 11 = 4 \times 23 + 18 \equiv 18,$$

$$17 \times 19 = 14 \times 23 + 1 \equiv 1$$

等都是二次剩余.

事实上, 欧拉判别法则[①]推出两个二次非剩余的乘积一定是二次剩余. 这看起来有些奇怪, 因为一般来说两个非平方整数的乘积仍是非平方数.

勒让德 (Legendre) 引入了后来以其名字命名的记号: 对与 p 互素的整数 a, 定义

$$\left(\frac{a}{p}\right) = \begin{cases} 1, & \text{如果 } a \text{ 是二次剩余}, \\ -1, & \text{如果 } a \text{ 是二次非剩余}. \end{cases}$$

勒让德符号巧妙地将二次剩余之间的乘法关系用数学语言表达出来, 即 $\left(\dfrac{\cdot}{p}\right)$ 是可乘的函数 (数学上称之为**特征**):

$$\left(\frac{ab}{p}\right) = \left(\frac{a}{p}\right)\left(\frac{b}{p}\right).$$

刚才提到的结论 "两个二次非剩余的乘积是二次剩余" 恰好对应于 "负负得正".

我们的问题转化为计算 $\left(\dfrac{a}{p}\right)$ $(0 < a < p)$. 由于每个正整数都能写成一些素数的乘积, 利用 $\left(\dfrac{\cdot}{p}\right)$ 的可乘性我们只需要计算 $\left(\dfrac{q}{p}\right)$, 其中 q 也是素数且比 p 小. 然而, 当 p 很大时, 根据定义计算 $\left(\dfrac{q}{p}\right)$ 仍是很困难

---

① 欧拉判别法则: a 是二次剩余当且仅当 $a^{(p-1)/2} \equiv 1$ (模 p), a 是二次非剩余当且仅当 $a^{(p-1)/2} \equiv -1$ (模 p). 特别地, -1 是二次剩余等价于 $p \equiv 1$ (模 4).

的. 例如, $p = 20220901$ 是素数, 要计算 $\left(\dfrac{3}{20220901}\right)$ 需要检验所有小于 20220901 的数的平方是否模 20220901 同余于 3, (至少在没有计算机的年代) 这将花费很多时间. 更糟糕的是, 每当素数 p 改变时, 计算都要重新开始.

有什么简单的方法来计算 $\left(\dfrac{q}{p}\right)$ 吗? 注意到 q 是比 p 小的数, 如果能将问题转化为计算 $\left(\dfrac{p}{q}\right)$ 就理想得多了. 这是下面二次互反律的绝妙之处.

二次互反律 对于不相等的奇素数 p, q,

$$\left(\frac{2}{p}\right) = (-1)^{(p^2-1)/8},$$

$$\left(\frac{q}{p}\right)\left(\frac{p}{q}\right) = (-1)^{(p-1)(q-1)/4}.$$

例如, 取 $p = 20220901$, 由于 $p \equiv 1$ (模 4) 且 $p \equiv 1$ (模 3), 根据二次互反律我们立即得到

$$\left(\frac{3}{20220901}\right) = \left(\frac{20220901}{3}\right) = \left(\frac{1}{3}\right) = 1,$$

即 3 是模 20220901 的二次剩余. 当 q 也很大时, 可以利用 "辗转相除法" 一步步地简化计算: 取素数 $q = 9967$, 由于 $p \equiv 7825 = 5^2 \cdot 313$ (模 q), $q \equiv 264 = 2^3 \cdot 3 \cdot 11$ (模 313), $313 \equiv 1$ (模 8), $313 \equiv 1$ (模 3), $313 \equiv 5$ (模 11), 我们得到

$$\left(\frac{q}{p}\right) = \left(\frac{5^2 \cdot 313}{q}\right) = \left(\frac{313}{q}\right) = \left(\frac{264}{313}\right)$$

$$= \left(\frac{2^3}{313}\right)\left(\frac{3}{313}\right)\left(\frac{11}{313}\right) = 1 \cdot 1 \cdot \left(\frac{5}{11}\right) = 1.$$

欧拉 (Euler) 最先发现了二次互反律的完整陈述. 例如他猜测: 如果 p 是模 4 余 1 的素数且是模 q 的二次剩余, 那么 $\pm q$ 都是模 p 的二次剩余. 但是欧拉并没有能够证明它. 勒让德利用他引入的符号将欧拉的猜测表述为上面简洁的形式并给以 "互反律" 的名字; 他用二次型理论给出了一个并不完整的证明.

1796 年, 被誉为数学王子的德国数学家高斯 (Gauss) 给出了二次互反律的第一个严格证明. 这一年高斯仅 19 岁, 正在哥廷根大学攻读博士学位.[①] 高斯的证明正式发表于他 1801 年出版的划时代巨著《算术研究》中 (图 1).

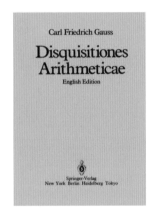

图 1　高斯和他的著作《算术研究》

高斯对二次互反律情有独钟, 将之称为 "算术理论中的宝石, 是一个黄金定律". 高斯一生中共发现了二次互反律的八个证明, 而至今已有超过 200 个不同的证明.[②] 这表明了二次互反律在数论中举足轻重的作用.

在 1900 年的国际数学家大会上, 希尔伯特发表了题为《数学问题》的著名演讲, 提出了 23 个最重要的数学问题. 其中第 9 个问题是: **互反律在任意数域上的推广**.

---

① 1796 年是高斯学术生涯中极重要的一年, 就在他证明二次互反律的 10 天前, 他发现了用尺规构作正十七边形的方法, 这是他引以为傲的另一项成就.

② 详见 https://www.math.uni-heidelberg.de/~flemmermeyer/frchrono.html.

2.1.2 多项式的模 p 分解

一个整系数的多项式是指

$$f(x) = a_0 x^n + a_1 x^{n-1} + \cdots + a_n,$$

其中 a_i 均为整数. 给定素数 p, 记

$$f_p(x) = f(x) \ (\text{模} \ p).$$

这是一个系数在 $\mathbb{F}_p$ 中的多项式. 由于 $\mathbb{F}_p$ 是有限集合, 我们总可以求出 $f_p(x)$ 在 $\mathbb{F}_p$ 中所有的根, 并完全决定它的分解形式. 比如三次多项式的分解共有下面三种可能:

- $f_p(x)$ 分解为 $(x-a)(x-b)(x-c)$, 此时 $f_p(x)$ 在 $\mathbb{F}_p$ 中有三个根 (记重数);
- $f_p(x)$ 分解为一次多项式与二次多项式的乘积, 此时 $f_p(x)$ 在 $\mathbb{F}_p$ 中有一个根;
- $f_p(x)$ 不能分解 (称为**不可约**), 此时 $f_p(x)$ 在 $\mathbb{F}_p$ 中无根.

如果 $f_p(x)$ 能够写成一次多项式的乘积且无重根, 就称 $f_p(x)$ **分裂**. 我们关心的问题是:

问题 1 决定使得 $f_p(x)$ 分裂的素数 p.

例 取 $f(x) = x^2 - 2$, 则 $f_p(x)$ 分裂等价于 2 是模 p 二次剩余. 根据二次互反律, 这等价于 $(-1)^{(p^2-1)/8} = 1$, 也等价于 $p \equiv 1, 7 \ (\text{模} \ 8)$. 类似地, 取 $f(x) = x^2 - q$, 其中 q 是奇素数, 那么 $f_p(x)$ 分裂等价于

$$1 = \left(\frac{q}{p}\right) = (-1)^{(p-1)(q-1)/4} \left(\frac{p}{q}\right).$$

因此我们得到下面的结论:

$$f_p(x) \ \text{的分解方式完全由} \ p \ (\text{模} \ 4q) \ \text{的值决定}.$$

接下来我们看三次多项式 $f(x) = x^3 - x - 1$ 模 p 后的分解情况.[①] 这由 $f_p(x)$ 在 $\mathbb{F}_p$ 中根的个数决定, 记为 $N_p(f)$. 由于 f 是三次多项式, $N_p(f)$ 可能的值为 $0, 1, 3$. 先来计算一些例子 (表 2).

表 2

	$f_p(x)$	$N_p(f)$
$p = 2$	不可约	0
$p = 3$	不可约	0
$p = 5$	$(x-2)(x^2+2x-2)$	1
$p = 7$	$(x+2)(x^2-2x+3)$	1
$p = 11$	$(x+5)(x^2-5x+2)$	1
$p = 13$	不可约	0
$p = 17$	$(x-5)(x^2+5x+7)$	1
$p = 19$	$(x-6)(x^2+6x-3)$	1
$p = 23$	$(x-3)(x-10)^2$, 重根!	3
$\cdots$	$\cdots$	$\cdots$
$p = 59$	$(x-4)(x-13)(x+17)$	3

当 $p = 23$ 时, $f_p(x)$ 有重根. 事实上, 可以证明这是唯一有重根的情形, 这是因为 $f(x)$ 的判别式等于 -23.[②]

细心的读者会发现, $N_p(f) = 1$ 的素数有 $5, 7, 11, 17, 19$ 等, 这些都是模 23 的二次非剩余! 实际上, 对 $N_p(f)$ 的值有如下具体的刻画:

- $N_p(f) = 1$, 如果 $\left(\dfrac{p}{23}\right) = -1$;

- $N_p(f) = 3$, 如果 $\left(\dfrac{p}{23}\right) = 1$ 且 p 能表成 $x^2 + xy + 6y^2$ 的形式 (x, y 为整数);

- $N_p(f) = 0$, 如果 $\left(\dfrac{p}{23}\right) = 1$ 且 p 能表成 $2x^2 + xy + 3y^2$ 的形式

---

① 见 [9, §5.3].

② 多项式 $x^3 + ax + b$ 的判别式定义为 $-4a^3 - 27b^2$.

(x, y 为整数).

第一种情形容易证明. 首先有一般的结论成立: $N_p(f) = 1$ 当且仅当 $f(x)$ 的判别式模 p 不是平方数, 即 $\left(\dfrac{-23}{p}\right) = -1$. 根据二次互反律, 这等价于

$$-1 = \left(\frac{-1}{p}\right)\left(\frac{23}{p}\right) = (-1)^{(p-1)/2}(-1)^{(p-1)/2}\left(\frac{p}{23}\right) = \left(\frac{p}{23}\right).$$

后两种情形的证明则需要用到二次型理论.

上述对 $N_p(f)$ 的刻画表明, 尽管 $N_p(f)$ 的值与 p (模 23) 紧密相关, 但并不能完全由其决定. 这与二次多项式的情况有本质的区别. 事实上, $N_p(f)$ 的值可以通过一类非常特殊的级数——**模形式**——来解释. 定义无穷乘积 (这里 q 代表变量)

$$F = q\prod_{k=1}^{\infty}(1-q^k)(1-q^{23k}),$$

并将其展开成无穷和

$$q-q^2-q^3+q^6+q^8-q^{13}-q^{16}+q^{23}-q^{24}+q^{25}+q^{26}+q^{27}-q^{29}+\cdots+2q^{59}+\cdots.$$

在 F 的展开式中, 通过观察我们发现: 当 p 为不等于 23 的素数时, q^p 项的系数 a_p 只取值于 $-1, 0, 2$, 且 a_p 与 $N_p(f)$ 满足如下神奇的规律:

$$a_p = N_p(f) - 1.$$

解释 $-1, 0, 2$ 的来源需要用到伽罗瓦群与群表示论的知识. 代数学基本定理告诉我们, 如果计算重数的话, 次数为 n 的多项式 $f(x)$ 一共有 n 个复根. 将这些根添加到有理数 $\mathbb{Q}$ 中, 并通过加、减、乘、除运算得到一个 $\mathbb{Q}$ 的扩域 K. 所有 K 到 K 的自同构形成一个**群**, 记作 $\mathrm{Gal}(K/\mathbb{Q})$. 为了纪念天才数学家伽罗瓦 (Galois) 的伟大贡献, $\mathrm{Gal}(K/\mathbb{Q})$ 被称为 $f(x)$ 的伽罗瓦群. 一般来说, 伽罗瓦群不必是阿贝尔群 (即乘法运算交换的群).

例如, $x^2 - 2$ 对应的域由 $\mathbb{Q}$ 添加 $\sqrt{2}$ 得到, 这是 $\mathbb{Q}$ 的二次扩张, 对应的伽罗瓦群是二阶群, 从而是阿贝尔群. 事实上, 二次多项式对应的伽罗瓦群总是阿贝尔群. 然而, $x^3 - x - 1$ 对应的伽罗瓦群是 S_3, 不是阿贝尔群. 这里 S_3 是三次置换群, 由集合 $\{1, 2, 3\}$ 的所有置换构成.

每个素数 p 都对应 $\mathrm{Gal}(K/\mathbb{Q})$ 中一个特别的元素 Frob_p, 称为弗罗贝尼乌斯 (Frobenius) 元素[①]. 如果 $f(x)$ 是模 p 分裂的, 那么 Frob_p 就等于 $\mathrm{Gal}(K/\mathbb{Q})$ 中的单位元.[②] 归功于艾希勒 (Eichler)、志村 (Shimura)、德利涅 (Deligne)、塞尔 (Serre) 等人的深刻工作, 模形式 F 对应于一个二维复表示

$$\rho: \mathrm{Gal}(K/\mathbb{Q}) \to \mathrm{GL}(2, \mathbb{C}),$$

使得当 $p \neq 23$ 时 a_p 就等于 $\rho(\mathrm{Frob}_p)$ 的迹[③]. 对分裂的素数 p, 这解释了 $a_p = 2$ 的原因: $\rho(\mathrm{Frob}_p) = \begin{pmatrix} 1 & 0 \\ 0 & 1 \end{pmatrix}$ 的迹等于 2.

2.1.3 类域论

考虑一般的数域 K, 它的整数环记为 $\mathcal{O}_K$, 这是 $\mathbb{Z}$ 的类比及推广. 例如, $\mathbb{Q}(\sqrt{2})$ 的整数环由 $\mathbb{Z}$ 添加 $\sqrt{2}$ 得到. 任意整数都能唯一分解成素数的乘积, 但这一性质对一般的 $\mathcal{O}_K$ 不一定成立. 例如, $\mathbb{Q}(\sqrt{-5})$ 的整数环是 $\mathbb{Z}[\sqrt{-5}]$, 但是 21 在其中有两种素数分解

$$21 = 3 \times 7 = (1 + 2\sqrt{-5})(1 - 2\sqrt{-5}).$$

为了弥补这个缺陷, 库默尔发明了 "**理想**" 的概念[④], 使得 $\mathcal{O}_K$ 中的每个理想都可以唯一写为素理想的乘积.

---

① 准确地说, 是一个共轭类.

② 这里需要排除那些整除 $f(x)$ 的判别式的素数.

③ 二阶矩阵 $\begin{pmatrix} a & b \\ c & d \end{pmatrix}$ 的迹定义为 $a + d$.

④ 库默尔最初称之为 "理想数". 理想概念的引入是现代数论的开端.

素数 p 所对应的理想 $p\mathcal{O}_K$ 可以分解为

$$p\mathcal{O}_K = \mathfrak{p}_1^{e_1} \cdots \mathfrak{p}_r^{e_r},$$

其中 $\mathfrak{p}_i$ 是素理想, $e_i \geqslant 1$. 如果 $e_1 = \cdots = e_r = 1$ 并且 $\mathcal{O}_K/\mathfrak{p}_i = \mathbb{F}_p$, 称 p 在 K 中分裂. 我们最初的问题 1 转化为

问题 2 决定在 K 中分裂的素数. 这等价于决定素数 p 使得 Frob_p 是 $\mathrm{Gal}(K/\mathbb{Q})$ 中的单位元.

对阿贝尔数域, 这个问题的答案由类域论给出. 类域论是 20 世纪初数论的最主要成就, 克罗内克 (Kronecker)、希尔伯特 (Hilbert)、高木贞治 (Takagi)、阿廷 (Artin)、谢瓦莱 (Chevalley) 等人对此作出了重要贡献. 阿廷于 1927 年证明了

阿廷互反律 对 $\mathbb{Q}$ 的有限阿贝尔扩张 K, 存在同构

$$C_{\mathbb{Q}}/N_{K/\mathbb{Q}}C_K \cong \mathrm{Gal}(K/\mathbb{Q}),$$

其中 C_K 是 K 的伊代尔群.

阿廷互反律是二次互反律在阿贝尔扩张时的推广. 很自然地, 数学家们希望将类域论推广至非阿贝尔扩张的情形. 阿廷本人曾致力于此, 他对一般伽罗瓦表示的 L-函数的研究就是这方面的尝试. 然而, 阿廷似乎低估了非交换情形的复杂程度, 他期望: "也许非交换类域论并不包含比阿贝尔扩张情形更多的信息, 只是我们尚不清楚如何由后者去理解前者."[①] 直到 20 世纪 60 年代, 朗兰兹 (Langlands) 才找到推广类域论的正确框架. 他将阿廷、艾希勒、志村等人的想法融合起来, 提出了一系列深刻的猜想, 极大地推广了之前所有的互反律——这是我们将要介绍的朗兰兹纲领.

---

① [2], 312 页: "perpaps all we could know and all we needed to know in general was implicit in our knowledge of abelian extensions, $\cdots$, although it was not clear what it might be."

 **2.2** **L-函数**

朗兰兹纲领预言不同数学分支的对象, 如模形式、伽罗瓦表示、椭圆曲线, 之间存在某种对应关系, 而连接这些对象的纽带是一类特殊的函数, 被称为 L-函数.

最为大家熟知的 L-函数是黎曼 ζ-函数, 即

$$\zeta(s) = \sum_{n=1}^{\infty} \frac{1}{n^s}, \quad s \in \mathbb{C}. \tag{1}$$

欧拉最早研究了 $\zeta(k)$ 的性质 (其中 k 是正整数), 比如他证明了

$$\zeta(2) = 1 + \frac{1}{2^2} + \frac{1}{3^2} + \cdots = \frac{\pi^2}{6}.$$

但黎曼首次将 $\zeta(s)$ 视作复变量函数来研究. 容易证明 $\zeta(s)$ 在右半平面 $\mathrm{Re}(s) > 1$ 上收敛并满足欧拉乘积公式

$$\zeta(s) = \prod_{p:\text{素数}} (1 - p^{-s})^{-1}. \tag{2}$$

在他的 1859 年的伟大论文《论小于给定数值的素数个数》中, 黎曼证明了 $\zeta(s)$ 可以解析延拓为整个复平面上的亚纯函数 (仅在 $s = 1$ 处有单极点), 并满足一个将 $\zeta(s)$ 与 $\zeta(1 - s)$ 联系起来的函数方程. 他提出著名的猜想:

黎曼猜想 $\zeta(s)$ 的非平凡零点全部落在直线 $\mathrm{Re}(s) = \dfrac{1}{2}$ 上.

黎曼猜想是数论中最重要的猜想, 意义十分重大, 被克雷研究所列为 7 大千禧年难题之一.

20 世纪的数论学家花了很多精力来推广黎曼 ζ-函数, 这是我们将要讨论的 L-函数, 也是朗兰兹纲领的核心对象. 例如, 狄利克雷 (Dirichlet)

对于特征 $\chi : (\mathbb{Z}/m\mathbb{Z})^\times \to \mathbb{C}^\times$, 考虑了如下 ζ-函数的推广:

$$L(s,\chi) = \sum_{n=1}^\infty \frac{\chi(n)}{n^s}.$$

一般来说, L-函数是一个形如 $\sum_{n=1}^\infty \dfrac{a_n}{n^s}$ 的复变函数, 它在某个适当的右半平面收敛并有如下的共性:

- 满足类似于 (2) 式的欧拉乘积分解;
- 可以亚纯或全纯延拓至整个复平面;
- 满足 $s \longleftrightarrow \alpha - s$ 类型的函数方程.

L-函数的来源主要有两类: 母题 (motivic) L-函数和自守 (automorphic) L-函数. 前者包括来自于伽罗瓦表示或代数簇的 L-函数, 跟算术的联系更紧密, 但其解析性质则难以验证, 比如解析延拓和函数方程. 后者主要来自于自守表示, 其解析性质相对容易. 朗兰兹纲领预言所有的母题 L-函数都来自于自守 L-函数.

2.2.1　阿廷 L-函数

数论的一个中心课题是研究有理数域 (记为 $\mathbb{Q}$) 及其扩域的性质, 换句话说, 理解伽罗瓦群 $\mathrm{Gal}(\overline{\mathbb{Q}}/\mathbb{Q})$ 的结构, 这里 $\overline{\mathbb{Q}}$ 是 $\mathbb{Q}$ 的代数闭包 (由 $\mathbb{Q}$ 添加所有有理多项式的根得到). 伽罗瓦群是极为复杂的对象, 人们缺乏直接研究它的有效方法. 但伽罗瓦表示可以将问题简化, 这里伽罗瓦表示是指下面的一个连续同态

$$\rho : \mathrm{Gal}(\overline{\mathbb{Q}}/\mathbb{Q}) \to \mathrm{GL}(n,\mathbb{C}).$$

由于 ρ 的像总是有限的, 通过选择不同的 ρ, 伽罗瓦群被分割成相对容易理解的碎片. 令人欣慰的是, 淡中 (Tannaka) 对偶保证这些碎片可以重新拼接起来得到整个伽罗瓦群的信息.

阿廷对伽罗瓦表示 ρ 定义了 L-函数. 根据 ρ 在每个素数位 $\mathfrak{p}$ 处的分歧性质, 阿廷先定义欧拉因子 $L_{\mathfrak{p}}(s,\rho)$, 再以欧拉乘积的形式定义 ρ 的

L-函数

$$L(s, \rho) := \prod_{\mathfrak{p}} L_{\mathfrak{p}}(s, \rho).$$

不难证明 $L(s, \rho)$ 在 $\mathrm{Re}(s) > 1$ 时是收敛的. 阿廷证明了 $L(s, \rho)$ 可以亚纯延拓至整个复平面并满足函数方程, 但证明却很不平凡. 为此阿廷先考虑 $n = 1$ 的情形, 因为此时有类域论将 ρ 与赫克特征联系起来. 为了刻画对应的赫克特征在 $\mathfrak{p}$ 处的信息, 阿廷证明了一般互反律, 这是类域论最本质的内容. 加上一些表示论的论证①, 阿廷最终将问题转化为赫克 L-函数的性质. 阿廷 1923 年提出的如下猜想极大地推动了代数数论近一个世纪的发展.

阿廷猜想　当 ρ 为非平凡的不可约表示时, $L(s, \rho)$ 是全纯函数.

我们将看到, 解决阿廷猜想是朗兰兹纲领的一个重要动机.

2.2.2　哈塞-韦伊 L-函数

代数簇是代数几何里最基本的研究对象, 它是指一组多项式方程的零点集. 数论学家更关心那些定义在数域或有限域上的代数簇. 有限域上的代数簇 X 总是由有限多个点组成, 因此我们可以数出点的个数, 以及在每个有限扩张上的点的个数. 韦伊 (Weil) 利用这些数字定义了 ζ-函数 $\zeta_{\mathfrak{p}}(s, X)$, 并提出著名的韦伊猜想.

如果 X 是数域上的光滑射影簇, 那么它在几乎所有的素数位 $\mathfrak{p}$ 上都有好的约化, 通过欧拉乘积的方式可以定义它的哈塞-韦伊 (Hasse-Weil) L-函数②

$$L(s, X) = \prod_{\mathfrak{p}} \zeta_{\mathfrak{p}}(s, X_{\mathfrak{p}}).$$

哈塞-韦伊 L-函数的构造和阿廷 L-函数相似, 证明其解析性质非常困难. 两者都被归类为母题 (motivic) L-函数.

---

① 这部分证明后来由布饶尔 (Brauer) 完善.

② 实际上这被称为哈塞-韦伊 ζ-函数.

2.2.3 自守 *L*-函数

赫克对模形式定义了 *L*-函数, 这是自守 *L*-函数的雏形. 经过适当地正规化, 一个尖模形式可以理解为一个无穷级数 $f(z) = \sum_{n=1}^{\infty} a_n q^n$, 其中 $q = e^{2\pi i z}$. 赫克将其 *L*-函数定义为

$$L(s, f) = \sum_{n=1}^{\infty} \frac{a_n}{n^s}.$$

利用模形式的各项系数 a_n 之间的关系, 不难验证 $L(s, f)$ 满足如下欧拉乘积分解[①]

$$L(s, f) = \prod_p (1 - a_p p^{-s} + p^{k-1-2s})^{-1}.$$

赫克证明了 $L(s, f)$ 可以解析延拓至整个复平面并满足函数方程.

模形式对应于 GL(2) 上的自守表示. 对于线性群 GL(n) 的自守表示, 可以推广地定义所谓的 "标准"*L*-函数. 这需要将自守表示分解为局部表示的张量积, 然后通过欧拉乘积的方式来定义. 这类 *L*-函数的解析性质, 如解析延拓和函数方程, 最早被戈德蒙-雅凯 (Godement-Jacquet) 研究清楚. 朗兰兹于 1967 年对更一般的自守表示定义了自守 *L*-函数. 我们将在 2.3.1 中介绍这类 *L*-函数.

2.2.4 小结

除了解析性质, 研究 *L*-函数在特殊点的值也有重要的意义. 比如, 数域 K 的戴德金 (Dedekind) *L*-函数在 $s = 1$ 处的留数公式中包含了域 K 的类数、调整子 (regulator)、判别式、单位根等重要信息. 著名的伯奇-斯维纳顿-戴尔 (Birch-Swinnerton-Dyer) 猜想, 数论中的另一个千禧年问题, 则是关于椭圆曲线的算术和它的 *L*-函数的解析性质之间的关系.

总而言之, 以上涉及的数学对象, 如伽罗瓦表示、代数簇或者自守表示, 其性质都能被一串数字来刻画. 如果用这串数字来定义 *L*-函数,

---

① 其中 k 是模形式的权.

那么这个函数的解析性质, 如极点或零点、特殊点的值则充分反映了研究对象的算术、几何或解析性质, 而且不同的对象可通过 L-函数进行配对 (图 2).

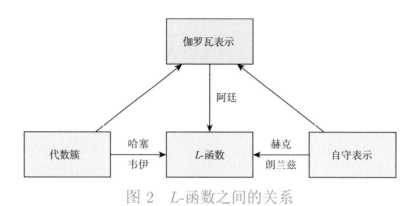

图 2　L-函数之间的关系

2.3　朗兰兹纲领

1967 年 1 月, 朗兰兹手写了一封 17 页的信给韦伊, 勾画出如今被称为 "朗兰兹纲领" 的理论 (图 3). 在信中, 朗兰兹首先解释了如何通过引入所谓的 L-群来构造一般约化群上的自守 L-函数 (信中称为阿廷-赫克 L-函数), 紧接着他提出了两个问题. 第一个问题关于这些 L-函数的解析性质, 而第二个问题后来被称为 "函子性猜想", 它猜测了自守 L-函数与阿廷 L-函数之间的联系. 正如朗兰兹所说, 这可被视为非交换互反律. 朗兰兹的思想明显地受到了阿廷关于 L-函数的工作的启发.

韦伊并没有——至少没有很快——对朗兰兹的信有所回应. 韦伊后来回忆说[1]: "很长一段时间内我一点都不能理解其内容 ⋯⋯" 这也许是正常的, 因为朗兰兹信中提出的思想是革命性的, 即使是最伟大的数学家也难以很快理解并接受. 但相较于伽罗瓦或阿贝尔的境遇, 朗兰兹的情形要好得多, 数学界很快就意识到了这些思想的重要性, 朗兰兹纲领也应运而生.

---

① 韦伊论文集 III, 第 45 页: "⋯ pendant longtemps je n'y compris rien ⋯"

图 3　朗兰兹和他写给韦伊的信

2.3.1　朗兰兹 L-函数

在 "写给韦伊的信" 中, 朗兰兹首先对一般约化群上的自守表示定义了 L-函数, 也称为自守 L-函数, 这是他提出朗兰兹纲领的出发点.

为了定义一般自守表示的 L-函数, 朗兰兹引入了 L-群 (也称为朗兰兹对偶群) 的概念. 简单地说, 给定一个定义在数域 F 上的连通约化群 G, 朗兰兹首先利用 G 的根系结构构造了另一个连通约化群 G^0, 并将 L-群 ${}^L G$ 定义为半直积

$$ {}^L G = G^0 \rtimes \mathrm{Gal}(K/F), $$

这里 K/F 是一个足够大的有限扩张. 由于 K 的选择的随意性, ${}^L G$ 实际上并不是唯一确定的. 一个更方便的取法是 ${}^L G = G^0 \rtimes W_F$, 其中 W_F 为韦伊群.

任给一个 ${}^L G$ 的有限维表示 $\rho : {}^L G \to \mathrm{GL}(n, \mathbb{C})$, 朗兰兹模仿 $\mathrm{GL}(n)$ 上标准 L-函数的构造将 $L(s, \pi, \rho)$ 定义为一个欧拉乘积. 在某种意义下, 这些 L-函数将赫克 L-函数与阿廷 L-函数统一起来, 因此在朗兰兹的信中将其称为阿廷-赫克 L-函数. 但不同于标准 L-函数的是, 对于这些新的 L-函数 (由于 ρ 的出现), 验证其解析性质是一个困难的问题. 对这一

问题, 朗兰兹在信中建议了如下的解答方法: 所有的自守 L-函数都是标准 L-函数. 这是下面要介绍的函子性猜想的推论.

2.3.2 朗兰兹函子性猜想

朗兰兹纲领的核心是函子性 (functoriality) 猜想, 也称为函子性原则. 它的陈述如下: 令 G, G' 为连通约化群, $^LG, ^LG'$ 为相应的 L-群. 假设我们给定

- L-群之间的同态 $\phi : {}^LG' \to {}^LG$;
- 群 G' 上的自守表示 π',

则存在群 G 上的自守表示 π 与 (ϕ, π') 对应. 也就是说, 存在 π 使得等式

$$L(s, \pi, \rho) = L(s, \pi', \rho \circ \phi)$$

对任意表示 $\rho : {}^LG \to \mathrm{GL}(n, \mathbb{C})$ 都成立.

这是函子性猜想的一般形式. 尽管表述极为简洁, 函子性猜想的内涵却极为丰富, 许多重要的猜想都是它的直接推论.

取 $G = \mathrm{GL}(n)$, 此时 $^LG = \mathrm{GL}(n, \mathbb{C}) \times \mathrm{Gal}(K/F)$. 取 ρ 为自然的投影映射, 即所谓的标准表示, 上述函子性猜想推出任意自守 L-函数都等同于某个 $\mathrm{GL}(n)$ 上的标准 L-函数. 因此, 一旦函子性猜想得证, 就能通过戈德蒙-雅凯理论理解一般自守 L-函数的解析性质.

另外一个重要的情形发生在 G' 是 G 的一个内形式时, 此时两者有相同的 L-群. 比如 $G = \mathrm{GL}(2)$ 而 G' 来自于四元数代数, 那么 G' 的每个自守表示 π' 都对应于 G 的某个自守表示 π.[①] 这种情形的函子性很快被雅凯 (Jacquet) 和朗兰兹本人合作证明 (1970 年), 即雅凯-朗兰兹对应.

朗兰兹对应 朗兰兹对应预言存在自然的对应关系

$$\{\phi : W_F \to \mathrm{GL}(n, \mathbb{C})\} \longleftrightarrow \{\mathrm{GL}(n)\text{的自守表示 } \pi\} \tag{3}$$

---

① 需要注意的是, G 和 G' 的角色不能互换.

使得 $L(s,\phi) = L(s,\pi)$.[①] 这是阿廷互反律的推广, 因此也被称为朗兰兹互反律. 实际上, 它可以解释为函子性猜想的一个特例: 取 $G' = \{1\}$ (这使得 π' 为平凡表示), $G = \mathrm{GL}(n)$, 那么 ϕ 将退化为同态 $W_F \to {}^L G = \mathrm{GL}(n,\mathbb{C})$, 从而给出以上的形式.

朗兰兹对应的一个推论是伽罗瓦表示的阿廷 L-函数都是 (标准) 自守 L-函数, 从而蕴含阿廷猜想. 因此朗兰兹对应是朗兰兹纲领中最受关注的情形.

进一步地, (3) 中的对应可以推广到更一般的约化群上. 这时每个伽罗瓦表示对应于一个自守表示的 L-包 (L-packet). 每个 L-包是由自守表示组成的有限集合, 同一个包里的自守函数都具有相同的 L-函数.

如果将数域在素数位上做完备化, 则得到局部域, 如实数域 $\mathbb{R}$, 复数域 $\mathbb{C}$, 以及 p 进域 $\mathbb{Q}_p$. 可以类似地提出局部域上的朗兰兹对应, 这与 L-函数的欧拉因子有直接联系. 因此局部域的朗兰兹对应, 以及与整体朗兰兹对应的协调性是朗兰兹纲领的重要组成部分.

注记 事实上, 朗兰兹的信中所提出的猜想并不完全准确, 他在后续的工作中做了相应的解释和修补, 如 [4], [6]. 譬如, 在上述朗兰兹对应 (3) 中, 韦伊群 W_F 应被替换为某个更大的群, 称为朗兰兹群, 而后者只是被猜想存在[6]. 对于局部域的朗兰兹对应, 韦伊群则应被替换为韦伊-德利涅 (Weil-Deligne) 群. 另外, 在函子性猜想中, G 应进一步假设为拟分裂群.

2.3.3 朗兰兹的其他工作

朗兰兹本人对朗兰兹纲领的发展做出了许多重要的贡献: 与雅凯 (Jacquet) 合作证明了四元数代数的单位群上的自守表示与 $\mathrm{GL}(2)$ 的自守表示之间的对应, 即著名的雅凯-朗兰兹对应; 通过对实李群不可约酉表示的分类, 证明了实数域及复数域上的局部朗兰兹对应; 证明了

---

① $L(s,\pi)$ 指戈德蒙-雅凯标准 L-函数.

GL(2) 上可解扩张的基变换对应及相应情形的阿廷猜想, 这是函子性猜想的突破性工作; 引进了内窥 (endoscopy) 理论. 由于他的杰出贡献, 朗兰兹获得了众多荣誉 (附获奖评语):

- 1995/96 年获沃尔夫 (Wolf) 奖 (由于他指明道路性的工作, 以及他对数论、自守形式和群表示论的非凡的洞察力).
- 2008 年获邵逸夫奖 (承先启后, 以几个世纪数学家的工作为基础, 创建了一个集大成的数学体系, 把素数和对称性联结起来).
- 2018 年获阿贝尔 (Abel) 奖 (表彰以他名字命名的 "朗兰兹纲领" 将数学中的表示论和数论联系了起来).

2.3.4 应用: 费马大定理

朗兰兹猜想将数学的不同领域联系在一起, 从而为数学问题提供全新的视角, 一些看似遥不可及的问题得以解决. 一个著名的例子是怀尔斯 (Wiles) 于 20 世纪 90 年代解决的费马大定理.

众所周知, 方程 $x^2 + y^2 = z^2$ 的正整数解被称为勾股数. 我们很容易构造出许多勾股数组, 比如

$$3^2 + 4^2 = 5^2, \quad 8^2 + 15^2 = 17^2.$$

17 世纪法国数学家费马 (Fermat) 提出了如下著名的猜想: **当整数 $n > 2$ 时, 关于 x, y, z 的方程**

$$x^n + y^n = z^n$$

无正整数解. 这个看似简单的结论, 却困扰了数学家们长达 350 年之久, 最终被怀尔斯于 1994 年证明.

怀尔斯的证明是通过解决所谓谷山-志村猜想的一种特殊情形 (半稳定情形). 这个猜想预言任意有理系数的椭圆曲线都对应于某个权为 2 的模形式, 准确地说, 椭圆曲线的哈塞-韦伊 L-函数与模形式的赫克 L-函数相等. 基于弗雷 (Frey) 和里贝特 (Ribet) 等人之前的工作, 这足以推出费马大定理. 怀尔斯发展了一整套技巧来证明半稳定情形的谷

山-志村猜想, 为此他花了整整 7 年时间. 怀尔斯的证明涉及了数学中许多抽象的概念和艰深的理论, 尽管这些看起来似乎与费马方程毫无关系. 这个领域后续的许多发展, 包括谷山-志村猜想的完整证明, 以及塞尔猜想、佐藤-泰特 (Sato-Tate) 猜想的证明, 都建立在怀尔斯的工作之上. 由于这项辉煌的成就, 怀尔斯获颁 1998 年的菲尔兹特别银奖, 并与朗兰兹一同获得了 1995/96 年度的沃尔夫奖.

不难看出, 谷山-志村猜想是朗兰兹纲领框架下的一个特例①. 怀尔斯对于费马大定理的成功证明体现了朗兰兹纲领的巨大威力, 更激发了数学家们对朗兰兹纲领的探索热情. 另一方面, 从费马大定理的例子可以看出数学中具体问题与一般的抽象理论之间相辅相成的关系. 一些特例所展示出的现象引导数学家们提出抽象的概念, 从而导致对问题更深层次的理解乃至最终解决.

2.4 朗兰兹纲领的现状及拓展

2.4.1   现状

尽管离完全解决朗兰兹猜想还很遥远, 经过一代代数学家的不懈努力, 朗兰兹纲领已经取得了许多令人振奋的进展.

证明朗兰兹对应最直接的方法是将对应的两边——伽罗瓦表示和自守表示——完全分类, 然后根据两者的 L-函数进行配对. 通常这种方式仅对局部域的对应行之有效. 成功的例子包括: 当 F 为实数域或复数域时, 朗兰兹通过对实代数群上不可约表示的分类证明了 $G(F)$ 的局部朗兰兹对应 (1973 年); 当 F 为 p 进域时, 库茨科 (Kutzko) 证明了 GL(2) 的局部朗兰兹对应 (1980 年). 对于更一般的群, 自守表示的分类变得异常复杂, 这时我们需要借助代数几何中的对象——志村簇——来联系对应的两边.

---

① 前文已提到, 谷山-志村猜想的提出要早于朗兰兹纲领.

相比于一般的代数簇, 志村簇包含更多的算术信息. 志村簇的上同调群同时含有伽罗瓦群的作用和自守表示的信息, 这个特性使得志村簇成为研究朗兰兹对应最有力的工具. 利用志村簇的上同调, 哈里斯-泰勒 (Harris-Taylor) 于 1998 年证明了 GL(n) 的局部朗兰兹对应, 这是朗兰兹纲领的标志性进展.

函数域是数域在正特征时的类比. 函数域上的朗兰兹对应比数域情形 "相对" 简单. 1976 年德林费尔德 (Drinfeld) 首先取得突破, 他证明了函数域上群 GL(2) 的整体朗兰兹对应. 他所定义的 Shtuka 是志村簇在函数域情形的类比. 洛朗·拉福阁 (Laurent Lafforgue) 将其证明推广至 GL(n) 情形. 两人分别获得了 1990 年和 2002 年的菲尔兹奖. 这些工作后来被樊尚·拉福阁 (Vincent Lafforgue) 进一步推广至一般约化群上. 函数域的局部朗兰兹对应由洛蒙-拉波波特-施蒂勒 (Laumon-Rapoport-Stühler) 证明 (1989 年).

然而, 对于数域上的朗兰兹对应, 进展要少得多. 这也是数学家们面临的最大挑战.

关于函子性猜想最重要的进展是吴宝珠 (Bao Châu Ngô) 证明的基本引理. 他因此获得了 2010 年的菲尔兹奖. 这个最初被朗兰兹称为 "引理" 的论断远比想象中困难. 朗兰兹本人曾花费多年时间来尝试证明它, 最终他不得不放弃并将研究转向其他方向. 基本引理的证明无疑为函子性猜想注入了新的活力.

朗兰兹纲领给数学家们指明了前进的方向, 然而每前进一步都要付出巨大的努力. 正如吴宝珠所说: "基本引理只是朗兰兹纲领的基础, 是其中一座小山峰. ···· 我认为, 整个纲领也许需要我一生的时间."

正可谓 "路漫漫其修远兮, 吾 (辈) 将上下而求索".

2.4.2 拓展

如今, 朗兰兹纲领已经成为一种哲学. 数学家们将它拓展到各种形式的 "朗兰兹对应", 这甚至超出了朗兰兹自己的预期. 以下我们介绍相对重要的两类.

几何朗兰兹纲领 类比于函数域的朗兰兹对应, 贝林松 (Beilinson)–德林费尔德 (Drinfeld) 于 20 世纪 90 年代提出了几何朗兰兹纲领, 后经弗仑克尔 (Frenkel)、盖茨戈里 (Gaitsgory) 等人发展. 在这个体系中, 数域 (或函数域) 由黎曼曲面的亚纯函数域取代, 伽罗瓦表示由基本群的局部系取代, 而自守表示则由适当的模空间上的反常层取代. 几何朗兰兹纲领与几何表示论联系紧密, 威腾 (Witten) 等人的工作则表明它与物理学中的量子场论也有深刻的联系.

p 进朗兰兹纲领 p 进表示是指系数取值于 p 进域的表示. p 进表示在数论中随处可见, 比如椭圆曲线的泰特 (Tate) 模是典型的二维 p 进伽罗瓦表示的例子. 类似的例子还来自于模形式. 谷山-志村猜想也可陈述为椭圆曲线和其对应的模形式给出相同的 p 进伽罗瓦表示.

布勒伊 (Breuil) 于 2000 年左右提出并发展了 p 进朗兰兹纲领, 研究 p 进伽罗瓦表示和 p 进自守表示之间的对应关系. p 进表示的结构比复系数表示更加复杂. 方丹 (Fontaine) 建立的 p 进霍奇理论和 (ϕ, Γ)-模理论系统地研究了 p 进伽罗瓦表示, 然而 p 进自守表示方面仍有许多基本的问题有待解决, 这使得 p 进朗兰兹纲领进展缓慢. 尽管如此, 它已经在数论的许多问题上发挥了关键作用. 一个典型的例子是基辛 (Kisin) 在方丹-马祖尔 (Fontaine-Mazur) 猜想[①]上取得的重要进展. 可以预见, p 进朗兰兹纲领将在任何关于代数簇或伽罗瓦表示的模性问题上发挥决定性的作用.

 参 考 文 献

[1] Cogdell J. On Artin *L*-fucntions. https://people.math.osu.edu/cogdell.1/artin-www.pdf.

---

① 方丹-马祖尔猜想是上述提到的谷山-志村猜想的推广.

[2] Duren P. A century of Mathematics in America, Part II. Providence: American Mathematical Society, 1989.

[3] Langlands R P. Letter to A. Weil. https://publications.ias.edu/letter-to-Weil, 1967.

[4] Langlands R P. Problems in the theory of Automorphic forms. Lecture in Modern Analysis and Applications, III, LNM, 1970, 170: 18-61.

[5] Langlands R P. *L*-functions and automorphic representations. Proceedings of ICM, Helsinki, 1978.

[6] Langlands R P. Automorphic representations, Shimura varieties, and motives. Ein Märchen, in Automorphic forms, representations and *L*-functions. Proc. Sympos. Pure Math. 33, Part II, 1979: 205-246.

[7] 朗兰兹. Langlands 纲领和他的数学世界. 北京: 高等教育出版社, 2018.

[8] Mueller J. On the genesis of Robert P. Langlands conjectures and his letter to André Weil. Bull. Amer. Math. Soc., 2018: 493-528.

[9] Serre J P. On a theorem of Jordan. Bull. Amer. Math. Soc., 2003: 429-440.

3 最速降线问题

张志涛

3.1 最速降线——300 多年前的一个数学公开挑战问题

1630 年意大利科学家、科学革命的先驱、"近代科学之父" 伽利略 (1564—1642) 提出一个分析学的基本问题: "一个质点在重力作用下, 从一个给定点到不在它垂直下方的另一点, 如果不计摩擦力, 问沿着什么曲线滑下所需时间最短." 他认为这条曲线是圆弧, 但后来被证明这是一个错误的答案, 此后的几十年时间欧洲数学家一直在苦苦探索答案.

1696 年 6 月瑞士著名数学家约翰·伯努利 (Johann Bernoulli, 1667—1748) 在《教师学报》(*Acta Eruditorum*) 重新提出这个最速降线的问题 (problem of brachistochrone): 设 A 和 B 是铅直平面上不在同一铅直线上的两点, 在所有连接 A 和 B 的平面曲线中, 求出一条曲线, 使仅受重力作用 (摩擦和空气阻力不计) 且初速度为零的质点从 A 点到 B 点沿这条曲线运动时所需时间最短? 《教师学报》是 1682 年德国数学家莱布尼茨 (G. W. Leibniz, 1646—1716) 创办于莱比锡的德国第一份专业科学期刊. 约翰的这个问题是要向他哥哥数学家雅各布·伯努利 (Jakob Bernoulli, 1654—1705) 和欧洲数学家挑战而提出的. 约翰与雅各布的图像见图 1.

Johann, 1667—1748

Jakob, 1654—1705

图 1

　　在科技馆通常观察到, 在一个斜面图形内有两条轨道, 见图 2, 一条是直线 ACB, 一条是曲线 AMB, 起点 A 以及终点 B 都相同, 两个质量、大小一样的小球同时从起点 A 向下滑落, 沿曲线下滑的小球反而先到终点 B, 尽管沿直线 ACB 的下滑距离比沿曲线 AMB 的下滑距离短. 物理解释这是由于曲线轨道上的小球先达到最高速度, 所以先到达. 两点之间的直线只有一条, 然而曲线却有无数条, 哪一条才是最快的呢?

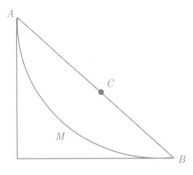

图 2　斜面轨道

最速降线或捷线问题是数学历史上第一个出现的变分法问题, 也是变分法发展的一个标志. 而由最速降线问题引发的一场风波, 也在数学史上为人津津乐道, 并对数学的发展做出了重要贡献.

约翰定于 1697 年 1 月 1 日向数学界公布答案. 但是到最后期限截止时, 他只收到了 "著名的莱布尼茨" 寄来的一份答案, 遂他发表元旦《公告》, 再次向 "全世界最有才能的数学家" 挑战. 《公告》称: "莱布尼茨谦恭地请求我延长最后期限到复活节, 以便在公布答案时没有人会抱怨说给的时间太短了. 我不仅同意了他的请求, 而且还决定亲自宣布延长期限, 看看有谁能够在这么长时间之后最终解出这道绝妙的难题." 然后, 为确保不会使人误解这道难题, 约翰又重复了一遍: "在连接已知两点的无限多的曲线中选择一条曲线, 如果用一根细管或细槽代替这条曲线, 把一个小球放入细管或细槽中, 放手让它滚动, 那么, 小球将以最短的时间从一点滚向另一点."

此时, 约翰开始热心鼓吹奖励解出他的最速降线问题的人. 不要忘记, 他自己是知道答案的, 如此一来, 他关于数学荣誉的一段话就不免有自诩之嫌: "但愿有人能够迅速摘取桂冠. 当然, 奖品既非金, 也非银, 因为这些东西只能引起卑贱者的兴趣 ···. 相反, 由于美德本身就是最好的奖励, 而名望又是最强的刺激." 在这段话中, 似乎约翰认为自己面对他可怜的哥哥雅各布, 又一次赢得了胜利. 但是, 在他心里还有另外一个目标. 约翰写道: "··· 很少有人能够解出我们独特的问题, 即使那些自称通过特殊方法不仅深入探究了几何学的秘密, 而且还以一种非凡的方式拓展了几何学疆域的人. 这些人自以为他们的伟大定理无人知晓, 其实早已有人将它们发表过了."

还有谁能怀疑他所说的 "定理" 就是指的流数术, 他所蔑视的目标就是牛顿呢? 牛顿 (Isaac Newton, 1643—1727) 曾宣称早在莱布尼茨 1684 年发表微积分论文之前就已发现了这一理论. 无疑, 约翰的挑战目标非常明确, 他把最速降线问题随手抄了一份, 装进信封, 漂洋过海寄给住在英国伦敦的牛顿. 牛顿当时在做什么工作呢? 英国当时也许也流

行 "学而优则仕", 1696 年牛顿辞去剑桥大学教授职位, 通过当时的财政大臣查尔斯·孟塔古的提携迁到了伦敦做皇家造币局局长, 一直到逝世, 这一职位比剑桥大学教授的待遇丰厚许多. 他主持了英国最大的货币重铸工作, 此职位一般都是闲职, 但牛顿却发挥科学家的气质非常认真地对待, 1697 年身为皇家造币局的主管官员非常忙碌, 每天都去造币局检查指导工作. 而且, 正如他自己所承认的那样, 他的头脑已不如全盛时期那样机敏了. 但牛顿清楚地感觉到他的名望与荣誉都受到了挑战; 同时, 学术对手伯努利和莱布尼茨都还在急切地等待着公布他们自己的答案. 牛顿有些被激怒了, 据称他曾说道: "在数学问题上, 我不喜欢让外国人戏弄." 因此, 牛顿当仁不让, 1697 年 1 月 29 日晚饭后在微弱的灯光下取出纸和笔, 仔细推导演算, 仅仅用一晚上时间就解出了这道难题. 当时, 牛顿住在伦敦, 由他的外甥女凯瑟琳·康迪特照顾生活. 凯瑟琳记述了这样的故事: "1697 年的一天, 收到伯努利寄来的问题时, 牛顿爵士正在造币局里忙着改铸新币的工作, 直到下午四点钟才精疲力尽地回到家里, 但是, 直到解出这道难题, 他才上床休息, 这时, 正是凌晨四点钟." 牛顿 1 月 30 日写信给财政大臣查尔斯·孟塔古宣称他解决了伯努利公开问题, 2 月 4 日皇家学会宣布这一结果. 后来牛顿将结果写成短文匿名发表在《哲学汇刊》(*Philosophical Transaction*, 17, No.224) 上.

即使是年事已高, 并且是在经过一天紧张的工作而感到精疲力竭的情况下, 牛顿仍然成功地解出了众多欧洲数学家都未能解出的难题! 由此可见这位英国伟大天才数学家的实力.

到 1697 年复活节时, 挑战期限截止, 约翰一共收到了五份答案, 其中包括他自己的答案和莱布尼茨的答案. 他的哥哥雅各布寄来了第三份正确答案, 尽管这份答案在约翰看来并不优美, 但也使他感到沮丧失望, 而法国数学家洛必达侯爵则寄来了第四份答案. 最后寄来的答案, 信封上盖着英国的邮戳. 约翰打开后, 发现答案虽然是匿名的, 但却完全正确, 明显地出于一位绝顶天才之手. 他显然遇到了他的对手牛顿. 约翰从证明中知道是牛顿所为, 感叹 "从其爪迹我认出了这只狮子" (I recognize the lion by his paw). 这无疑让约翰失望了, 约翰用了 2 周时间做出答案, 牛顿只用了一个晚上 (图 3).

Isaac Newton, 1643—1727   G. W. Leibniz, 1646—1716

图 3

对这个问题, 牛顿、莱布尼茨、洛必达、雅各布·伯努利和约翰·伯努利都给出了正确的解答. 他们每个人所得到的曲线都是一段颠倒了的旋轮线, 而这的确 "是几何学家所熟知的一条曲线". 最速降线是一条连接 A, B 两点的上凹的一段旋轮线 (又称圆滚线或摆线). 他们的答案相同, 而解法各异, 他们的解法都发表在 1697 年 5 月的《教师学报》上. 按其使用的方法来说, 它们又可以分为三类, 牛顿、莱布尼茨、洛必达都是使用的微积分的方法.

约翰的方法最为简洁优美, 在这个问题的解决过程中显示了他的卓越才能, 他是通过机敏的直觉解决这个问题的. 他利用 1662 年法国数学家费马 (Pierre de Fermat, 1601—1665) 提出的光学中的光程最短原理进行类比, 将这一运动动力学问题, 通过已有的费马最小时间原理的分析转化为光学问题, 将小球运动类比为光线的运动, 那么 "最速降线" 就是在光速随高度下降而增加 (加速度恒为重力加速度 g) 的介质里光线传播的路径. 约翰从荷兰数学家和物理学家斯涅尔 (W. Snell, 1580—1626) 发现的光的折射定律推出了最速降线的微分方程, 极其轻松地解决了这个问题 (图 4).

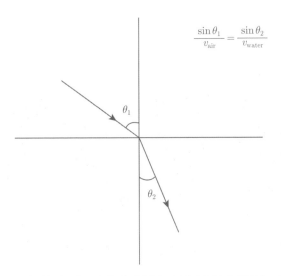

$$\frac{\sin\theta_1}{v_{\text{air}}} = \frac{\sin\theta_2}{v_{\text{water}}}$$

图 4　光线在水面发生折射时满足的斯涅尔定律

约翰对最速降线问题证明的解释是漂亮的: 把 A, B 两点间铅垂线段 AD 水平分割成 n 等份, 在每一条水平线上考虑折射现象, 见图 5. n 充分大时我们把质子小球在每一层内的运动看作匀速直线运动, 设其在第 i 层的速度为 v_i, 在第 i 条水平线上的入射角为 ϑ_i, 这与在第 $i-1$ 条水平线上的折射角相等, 由光的折射定律知道 $\dfrac{\sin\vartheta_i}{v_i}, i = 1, 2, 3, \cdots, n$ 相等. 如果分成的层数 n 无限地增加, 即每层的厚度无限地变薄, 则质点的运动便趋于空间 A, B 两点间质点运动的真实情况, 此时折线也就

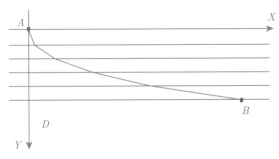

图 5　最速降线问题证明的解释

无限增多, 其形状就趋近我们所要求的曲线——最速降线. 折线的每一段趋向于曲线的切线, 因而由光的折射定律得出最速降线的一个重要性质: 任意一点处切线和铅垂线所成的角度 ϑ 的正弦与该点落下的高度的平方根的比是常数, 而具有这种性质的曲线就是旋轮线.

事实上, 由机械能守恒, 我们知道质点在最速降线上的点 (x, y) 处的速度为 $v = \sqrt{2gy}$. 由斯涅尔定律知当 $n \to +\infty$ 时, 存在常数 $C > 0$ 使得

$$\frac{\sin \vartheta}{\sqrt{y}} = C. \tag{1}$$

雅各布从另一个角度给出了一个较麻烦但更一般的解法 (证明思想见 3.5 节), 他的解法最为复杂, 然而在这深奥的解法背后, 却孕育出一个全新的数学领域——变分法.

伯努利兄弟对惠更斯研究过的摆线或所谓旋轮线是最速降线问题的解感到惊奇和振奋. 约翰说: "我们之所以钦佩惠更斯 (Christiaan Huygens, 1629—1695), 是因为他首先发现了大量质点只在重力作用下沿同一旋轮线下落, 它们总是同时到达底部, 与质点的起始位置无关. 然后, 当你听到我肯定地说最速降线就是惠更斯研究过的等时曲线的时候, 可能惊讶得简直发呆. 我们看得很清楚等时曲线是最速降线."

3.2 影响

最速降线问题的实质, 是在一组函数中求满足特定极值条件的函数, 这比起微积分中只会处理函数的极值大大前进了一步, 诞生了一种新的研究方法. 在雅各布的解法基础上, 后来著名的瑞士数学家、自然科学家欧拉 (Leonhard Euler, 1707—1783) 和法国数学家拉格朗日 (J. L. Lagrange, 1736—1813) 发展出来解决这类问题的一般解法, 用于解决等周问题 (平面上在给定周长的所有封闭曲线中求一条曲线, 使得它所围的面积最大) 和测地线问题 (曲面上两点间长度最短的路径), 进一步从最速降线问题发展出了变分法, 进而发展出现代数学中的泛函分析这一

广阔领域. 欧拉的贡献始于 1733 年, 他的《变分原理》(*Elementa Calculi Variationum*) 给予了这门数学科学变分法 (英文: calculus of variation) 这个名字. 19 世纪人们把变分法广泛应用到数学物理中去, 建立了极值函数的充分条件.

1900 年德国著名数学家希尔伯特 (David Hilbert, 1862—1943) 在巴黎国际数学家大会讲演中提出的引领 20 世纪数学发展的 23 个著名数学问题中就有 3 个与变分法有关, 变分法的思想贯穿了德裔美籍数学家柯朗 (Richard Courant, 1888—1972) 和希尔伯特所著的《数学物理方法》一书. 20 世纪 70 年代以来发展起来的以意大利著名数学家 A. Ambrosetti 和美国科学院院士 P. Rabinowitz 建立的山路定理为代表的极大极小方法是现代变分理论的重要内容, 而美国数学家莫尔斯 (H. Morse, 1892—1977) 的大范围变分法 (Morse 理论) 则是 20 世纪变分法发展的标志. 变分理论不仅广泛应用于偏微分方程、几何、有限元方法等数学领域, 在物理、经济、控制、工程等学科也有重要应用. 国内中国科学院、北京大学等单位是变分方法及应用的研究中心, 我国著名数学家冯康院士 (1920—1993) 1965 年独立于西方发明了有限元方法, 以张恭庆院士、龙以明院士和一批优秀的中青年数学家为代表的中国数学家在变分方法与非线性偏微分方程、哈密顿系统等领域取得了国际先进水平的重要成果, 在国际上具有重要影响.

伯努利兄弟的意气之争, 却给全人类带来了巨大的财富, 促进了数学的巨大发展. 而这个事件中的探索过程, 也揭示了科学史上的一个规律: 有时候建立一种新的普遍方法要比寻找一种优美简洁的特殊方法意义更为重大, 对科学的发展贡献更为深远.

3.3 花絮: 伯努利家族

约翰·伯努利 (Johann Bernoulli) 是瑞士著名的数学家家族——伯努利家族中的一员, 他曾在巴塞尔大学及格罗宁根大学任教, 对微积分的发展贡献很大, 并解决了最速降线问题, 在流体力学等方面也有一定贡献. 雅各布·伯努利是约翰的哥哥, 瑞士数学家, 曾任巴塞尔大学教授, 他对积分学的发展完善有较大的贡献, 研究了悬链线、最速降线等问题, 并提出了概率论中的大数定律.

约翰·伯努利名言: 至大寓于细微之中. 雅各布·伯努利名言: 每种科学都需要数学, 数学什么都不需要 (Jede wisseschaft bedarf der mathematik, die mathematik bedarf keiner).

瑞士的伯努利家族是世界上最负盛名的科学家世家. 人们常说富不过三代, 这句话用在科学家身上一般也一样适用, 很少有连续几代都取得较大成就的科学家世家, 在整个科学史上, 也许只有英国的天文学家世家赫歇尔家族能和伯努利家族稍稍比较一下, 但是无论在成就上, 还是在科学家的数量上, 赫歇尔家族都不能和伯努利家族相提并论. 今天名气最大的伯努利家族科学家应当是丹尼尔·伯努利 (1700—1782), 每一个学过流体力学的人都知道他的名字. 丹尼尔·伯努利在 1726 年提出了 "伯努利原理". 这是在流体力学的连续介质理论方程建立之前, 水力学所采用的基本原理, 其实质是流体的机械能守恒, 即: 动能 + 重力势能 + 压力势能 = 常数, 其最为著名的推论为: 等高流动时, 流速大, 压强就小. 其实飞机就是应用这一原理飞上了蓝天. 一个关于丹尼尔的传说是这样的: 有一次在旅途中, 年轻的丹尼尔同一个风趣的陌生人闲谈, 他谦虚地自我介绍说: "我是丹尼尔·伯努利." 陌生人立即带着讥讽的神情回答道: "那我就是艾萨克·牛顿." 而他的父亲约翰·伯努利和伯父雅各布·伯努利这一对兄弟则都是数学家, 都是微积分创立者之一数学家莱布尼茨的学生, 对微积分学的发展作出过重要贡献.

约翰·伯努利是尼古拉·伯努利 (Nikolaus Bernoulli, 1623—1708) 的第三个儿子, 1667 年出生. 幼年时他父亲像要求雅各布学习法律一样, 试图要他去学经商, 他认为自己不适宜从事商业, 拒绝了父亲的劝告. 他 1683 年进入巴塞尔大学学习, 这是瑞士历史最悠久的大学, 成立于 1460 年. 他 1685 年通过逻辑论文答辩, 获得艺术硕士学位. 接着他攻读医学,分别于 1690 年和 1694 年获医学硕士和博士学位.

约翰在巴塞尔大学学习期间, 怀着对数学的热情, 跟哥哥雅各布秘密学习数学, 并开始了数学研究. 两人都对无穷小数学产生了浓厚的兴趣, 他们首先熟悉了德国数学家莱布尼茨的不易理解的关于微积分的简略论述, 正是在莱布尼茨的思想影响和激励下, 约翰走上了研究和发展微积分的道路.

1691 年 6 月, 约翰在《教师学报》上发表论文, 解决了雅各布提出的关于悬链线的问题 "一根柔软而不能伸长的绳子自由悬挂于两固定点, 求这绳所形成的曲线", 约翰列出了该问题的微分方程, 适当选择坐标系后, 悬链线的方程是一个双曲余弦函数: $y = a \cosh(x/a)$, a 为曲线顶点到横坐标轴的距离. 这篇论文的发表, 使他加入了惠更斯、莱布尼茨和牛顿等著名数学家的行列.

1691 年秋天, 约翰到达巴黎. 在巴黎期间他会见了洛必达 (Marquis de l'Hôpital, 1661—1704), 并于 1691—1692 年间为其讲授微积分, 其间他编写了世界上第一部关于微积分学的教科书. 二人成为亲密的朋友, 建立了长达十年之久的通信联系, 洛必达之后成为法国最有才能的数学家之一, 我们微积分中使用的洛必达法则其实是约翰发明的, 只是被洛必达 1696 年写入世界上第一本系统的微积分学教科书《阐明曲线的无穷小分析》第九章, 后人误以为是洛必达的发明, 故 "洛必达法则" 之名沿用至今. 1693 年约翰开始与莱布尼茨建立了通信联系, 信中就一些数学问题展开讨论、交换意见.

1695 年, 约翰获得荷兰格罗宁根大学数学教授的职务. 他到任后工作特别努力, 一面认真教学, 一面在微积分方面做出了许多新的贡献. 1705 年, 约翰的哥哥雅各布去世, 他去巴塞尔大学继任数学教授的职务, 直到 1748 年去世. 其间约翰因其对微积分的卓越贡献以及对欧洲数学家的培养而知名, 欧拉 (Leonhard Euler, 1707—1783) 是他的学生, 欧拉 13 岁时进入了巴塞尔大学, 主修哲学和法律, 但在每天晚上 8 点便跟当时欧洲最优秀的数学家约翰学习数学. 约翰一脉对数学界产生了深远的影响, 欧拉的学生是拉格朗日 (1736—1813), 拉格朗日的学生则是柯西 (A. L. Cauchy, 1789—1857).

弟弟约翰对数学有极大的热忱, 但一直自负自己的数学才华, 并且看不起自己的哥哥雅各布, 认为他比自己要愚笨很多. 他脾气古怪, 极为骄傲, 甚至因为自己的儿子在争夺法国科学院的一项奖项时胜过了自己而把自己的儿子赶出了家门. 不过也不用太大惊小怪, 很多科学家的行事都是很奇怪和偏执的. 同时, 作为莱布尼茨的学生, 他在牛顿和莱布尼茨关于微积分发明权的争论中坚定地站在自己的老师一边.

由于约翰长期的教学活动和对数学的卓越贡献, 受到当时科学界的高度评价. 1699 年被选为巴黎科学院的外籍院士; 1701 年被接受为柏林科学协会 (即后来的柏林科学院) 的会员; 1712 年被选为英国皇家学会的会员; 1724 年被选为意大利波伦亚科学院的外籍院士; 1725 年被选为彼得堡科学院的外籍院士. 他还在巴塞尔担任名誉官职, 是地方教育委员会的成员, 成为当时巴塞尔的知名人物.

3.4 旋轮线与摆钟

最速降线与 1673 年荷兰科学家惠更斯讨论的摆线 (旋轮线) 相同, 因为钟表摆锤作一次完全摆动所用的时间相等, 所以摆线 (旋轮线) 又称等时曲线. 其实摆线最早出现于 1501 年出版的一本书中, 1599 年伽利略为摆线命名 "cycloid".

时钟已成为现代人不可或缺的必备工具之一, 没有时钟, 人们将不知道时间, 许多重要的约会、会议等社会活动便会错过, 高铁、轮船、飞机、卫星、飞船及通信都无法正常运行. 当各位看钟表的时候, 不知可曾想过, 时钟里面隐藏着什么科学道理, 许多我们视为理所当然的仪器设备包括计时工具都是人类千百年来在与自然界的斗争中及在国家和种族生存竞争中流血流汗、靠智慧一点一滴累积而成的. 回想以前的中世纪航海时代, 时间的掌握是关乎全船人生命安危的大事, 想要和大海搏斗，时间是不可或缺的因素，通常是以沙漏、水钟来计时，但这些计时工具相当不准确，为了增加船员生存的机会，发明精确的计时器便成了当时科学界的当务之急.

那时年轻的科学家伽利略有一次在比萨斜塔处意外地发现一个有趣的现象，教堂的吊灯来回摆动时，不管摆动的幅度大还是小，每摆动一次用的时间都相等. 当时，他是以自己的心跳脉搏来计算时间的. 从此以后，伽利略便废寝忘食地研究起物理和数学来，他曾用自制的滴漏来重做单摆的实验，结果证明了单摆摆动的时间跟摆幅没有关系，只跟单摆摆线的长度有关. 这个现象使伽利略想到或许可以利用单摆来制作精确的时钟，但他始终没有将思想付之实现. 伽利略的单摆是在一段圆弧上摆动的，所以也叫做圆周摆.

伽利略的发现使科学界感到振奋. 可是不久科学家便发现单摆的摆动周期也不完全相等. 原来，伽利略的观察和实验还不够精确. 实际上，由于摩擦和空气阻力，单摆的摆幅愈大，摆动周期就愈长，只不过这种周期的变化是很小的. 所以，如果用这种摆来制作时钟，单摆的振幅会因为摩擦和空气阻力而愈来愈小，时钟也因此愈走愈快. 过了不久，荷兰科学家惠更斯决定要做出一个精确的时钟来.

惠更斯是世界知名物理学家、天文学家、数学家和发明家，机械钟的发明者. 惠更斯自幼聪慧，13 岁时曾自制一台车床，表现出很强的动手能力. 1645—1647 年在莱顿大学学习法律与数学，1647—1649 年在布雷达学院深造. 在阿基米德等人的著作及笛卡儿等人直接影响下，致力于力学、光学、天文学及数学的研究. 他善于把科学实践和理论研究结合起来，透彻地解决问题，因此在摆钟的发明、天文仪器的设计、弹性碰撞和光的波动理论等方面都有突出成就. 1663 年他被聘为英国皇家学会第一个外籍会员，1666 年刚成立的法国皇家科学院选他为院士. 惠更斯体弱多病，一心致力于科学事业，终生未婚，1695 年 7 月 8 日在海牙逝世. 他还建立了光传播的波动学说，与牛顿的微粒说不同，这些学说逐步发展为现代物理理论中光的波粒二象性学说.

摆钟的发明与摆线的等时性发现紧密联系在一起. 惠更斯想要找出一条曲线, 使摆沿着这样的曲线摆动时, 摆动周期完全与摆幅无关. 当时科学家们放弃了物理实验, 纯粹往数学曲线上去研究. 经过不少次的失败, 终于找到了这样的曲线. 惠更斯发现 "摆线" 的等时性, 他由此在 1656 年发明了摆钟. 数学上把这种曲线也叫做 "等时曲线" 或 "旋轮线".

摆线是指一个圆在一条定直线上滚动 (无滑动) 时, 圆周上一个定点的轨迹, 又称圆滚线、旋轮线, 见图 6.

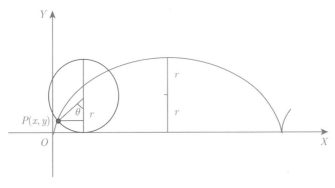

图 6　旋轮线

设半径为 $r > 0$ 的圆上定点的初始位置为坐标原点 O, 定直线为 X 轴. 当圆滚动 θ 角以后, 圆上定点从 O 点位置到达 P 点位置. 当圆滚动一周, 即 θ 从 0 变动 2π 时, 动圆上定点描画出摆线的第一拱. 再向前滚动一周, 动圆上定点描画出第二拱, 继续滚动, 可得第三拱, 第四拱, $\cdots$, 所有这些拱的形状都是完全相同的, 每一拱的拱高为 $2r$(即圆的直径), 拱宽为 $2\pi r$(即圆的周长).

旋轮线的方程式为: $x = r(\theta - \sin\theta)$, $y = r(1 - \cos\theta)$, r 为圆的半径, θ 是圆的半径所经过的弧度 (滚动角). 当 θ 由 0 变到 2π 时, 动点就画出了摆线的一支, 称为一拱.

在 17 世纪, 大批卓越的数学家 (如伽利略、帕斯卡、托里拆利、笛卡儿、费马、惠更斯、约翰·伯努利、莱布尼茨、牛顿等) 热心于研究这一曲线的性质. 17 世纪是人们对数学力学和数学运动学爱好的年代, 这能解释人们为什么对摆线怀有强烈的兴趣.

到 17 世纪末, 人们已经发现摆线具有如下性质 (现在利用微积分可简单计算):

(1) 1658 年克里斯多佛·雷恩也向人们指出摆线一拱的长度等于旋转圆直径的 4 倍. 尤为令人感兴趣的是, 它的长度是一个不依赖于 π 的数.

(2) 1634 年吉勒斯·德·罗贝瓦勒指出在一拱弧线下的面积是旋转圆面积的 3 倍.

(3) 圆匀速转动时, 圆上描出摆线的那个定点具有不同的速度, 事实上在特定的地方它甚至是静止的.

(4) 当小球从摆线形状 (图 6 倒置) 的容器光滑内壁上不同点放开时, 它们同时到达底部.

在这一时期, 伴随着许多发现也出现了众多有关发现权的争议, 甚至抹杀他人工作的现象, 因此摆线也被人们称作 "几何学家的海伦"(The Helen of Geometers).

 ## 3.5 最速降线证明中的变分方法

最速降线产生的数学分支变分法 (calculus of variations, 古典变分法) 是处理以函数为变量的数学分支, 和处理以数为变量的函数的普通微积分相对. 这样的泛函 (以函数为变量的到实数集合 ℝ 的映射) 可以通过未知函数和它的导数形成的函数的积分来构造, 变分法最终寻求的是极值函数: 它们使得泛函取得极大或极小值.

变分法的关键是欧拉-拉格朗日方程 (Euler-Lagrange equation), 其解对应于泛函的临界点 (类似于微积分中导数为 0 的点). 在寻找泛函的极大和极小值时, 在一个解附近的微小变化的分析给出一阶的一个近似. 它不能分辨是找到了最大值或者最小值 (或者都不是). 18 世纪是变分法的草创时期, 建立了极值应满足的欧拉方程并解决了大量具体问题. 19 世纪人们把变分法广泛应用到数学物理中去, 建立了极值函数的充分条件.

变分法在拉格朗日力学以及最小作用量原理在量子力学的应用等理论物理中起着重要作用. 变分法提供了有限元方法的数学基础, 它是求解边值问题的有力工具. 变分法也在材料学中研究材料平衡时大量使用. 在纯数学中, 黎曼在调和函数中使用的狄利克雷原理属于变分法, 最优控制的理论也是变分法的一个推广.

现在我们给出变分法中一个泛函所对应的欧拉-拉格朗日方程的推导过程.

设 x_1, x_2 是实数集 $\mathbb{R}$ 中不同的两点, $C^1[x_1, x_2]$ 是闭区间 $[x_1, x_2]$ 上的连续可微函数构成的空间. 对于 $C^1[x_1, x_2]$ 上一般形式的泛函

$$S = \int_{x_1}^{x_2} F(y, y', x) \mathrm{d}x, \tag{2}$$

其中函数 $F(y, z, x) : \mathbb{R} \times \mathbb{R} \times \mathbb{R} \to \mathbb{R}$ 连续可微, $y \in C^1[x_1, x_2]$, $y' \in C[x_1, x_2]$ 是 y 的导函数.

在泛函 S 取到极值时的函数记作 $y(x)$, 在 $C^1[x_1, x_2]$ 函数空间中定义与这个函数 "靠近" 的函数, $h(x) = y(x) + \epsilon\phi(x)$, 其中 $\phi(x) \in C^1[x_1, x_2]$, 且 $\phi(x_1) = \phi(x_2) = 0$, ϵ 是小量. 因为在函数 $y(x)$ 处泛函 S 取到极小值, 故

$$\frac{d}{d\epsilon} \int_{x_1}^{x_2} F(y + \epsilon\phi, (y + \epsilon\phi)', x) \mathrm{d}x \bigg|_{\epsilon=0} = 0,$$

即

$$\lim_{\epsilon \to 0} \frac{\int_{x_1}^{x_2} [F(y + \epsilon\phi, (y + \epsilon\phi)', x) - F(y, y', x)] \mathrm{d}x}{\epsilon} = 0.$$

积分函数按幂级数打开后 (舍掉 ϵ 二次及以上项), 得 S 的一阶变分

为 0,

$$\int_{x_1}^{x_2} \left(\frac{\partial F}{\partial y}\phi + \frac{\partial F}{\partial z}\phi' \right) dx = 0,$$

其中 $\dfrac{\partial F(y,y',x)}{\partial y}$ 是 F 对 y 的偏导数, $\dfrac{\partial F(y,y',x)}{\partial z}$ 是 F 对 z 的偏导数,
即 $\dfrac{\partial F(y,y',x)}{\partial y'}$.

将第二项分部积分得

$$\frac{\partial F}{\partial y'}\phi(x)\Big|_{x_1}^{x_2} + \int_{x_1}^{x_2} \left(\frac{\partial F}{\partial y} - \frac{d}{dx}\frac{\partial F}{\partial y'} \right)\phi dx = 0,$$

注意 $\phi(x_1) = \phi(x_2) = 0$, 我们有

$$\int_{x_1}^{x_2} \left(\frac{\partial F}{\partial y} - \frac{d}{dx}\frac{\partial F}{\partial y'} \right)\phi dx = 0.$$

从而由 $\phi(x)$ 的任意性得

$$\frac{\partial F(y,y',x)}{\partial y} - \frac{d}{dx}\left(\frac{\partial F(y,y',x)}{\partial y'} \right) = 0. \tag{3}$$

这就是欧拉-拉格朗日方程.

最终通常可以通过常微分方程, 解出欧拉-拉格朗日方程所满足的
解 $y(x)$.

对于最速降线问题, 我们以 A 为原点建立如下坐标系, 点 B 的坐标
设为 (a,p), 见图 7.

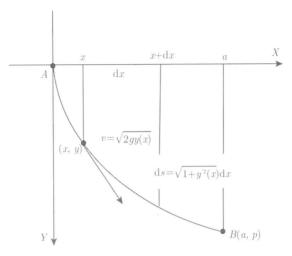

图 7 最速降线求解分析

质点在所求曲线 $y(x)$ 上一点 (x, y) 处的运动速度为 $v = \sqrt{2gy(x)}$, 弧长微分为 $\mathrm{d}s = \sqrt{1 + y'^2(x)} \cdot \mathrm{d}x$, 关于时间的泛函为

$$t = \int_0^a \sqrt{\frac{1 + y'^2(x)}{2gy(x)}} \mathrm{d}x, \tag{4}$$

其中 g 是重力加速度. 问题: 寻找函数 $y = y(x) \in C^1[0, a]$ 使得上述积分值最小?

相应于 (2), 现在

$$F(y, y', x) = F(y, y') = \frac{\sqrt{1 + y'^2}}{\sqrt{2gy}}.$$

由欧拉-拉格朗日方程 (3), 我们有

$$\frac{\mathrm{d}}{\mathrm{d}x}\left[F - y'\frac{\partial F}{\partial y'}\right] = y'\frac{\partial F}{\partial y} + y''\frac{\partial F}{\partial y'} - y''\frac{\partial F}{\partial y'} - y'\frac{\mathrm{d}}{\mathrm{d}x}\left(\frac{\partial F}{\partial y'}\right) = 0,$$

所以有

$$F - y'\frac{\partial F}{\partial y'} = C. \tag{5}$$

又 $\dfrac{\partial F}{\partial y'} = \dfrac{1}{\sqrt{2g}} \dfrac{y'}{\sqrt{y(1+y'^2)}}$, 代入 (5) 化简得

$$y(1+y'^2) = C. \tag{6}$$

解常微分方程 (6), 令 $y' = \cot t$, 则我们有

$$y = C \sin^2 t. \tag{7}$$

注意 $\mathrm{d}y = y'\mathrm{d}x$, 故 $\cot t \mathrm{d}x = 2C \sin t \cos t \mathrm{d}t$, 从而得

$$\mathrm{d}x = 2C \sin^2 t \mathrm{d}t,$$

解常微分方程得

$$x = C \left(t - \frac{1}{2}\sin 2t \right) + C_1.$$

由于 $t \in \left[0, \dfrac{\pi}{2}\right]$, 所求曲线得经过原点 $(0,0)$, 故 $C_1 = 0$. 令 $\theta = 2t$ 得旋轮线方程:

$$x = R(\theta - \sin\theta), \quad y = R(1 - \cos\theta), \tag{8}$$

由 B 点坐标 $x = a, y = p$ 得到 $p(\theta - \sin\theta) = a(1 - \cos\theta)$ 的解 θ_0(对应点 B 的角度), 最终得出 R 的值.

我们下面计算只有重力作用下质点沿此旋轮线从点 A 滑到点 B 所需时间:

曲线弧长微分

$$ds = \sqrt{(\mathrm{d}x)^2 + (\mathrm{d}y)^2} = \sqrt{x_\theta'^2 + y_\theta'^2}\mathrm{d}\theta$$

$$= \sqrt{R^2(1-\cos\theta)^2 + R^2\sin^2\theta}\mathrm{d}\theta = R\sqrt{2(1-\cos\theta)}\mathrm{d}\theta,$$

由 (4) 得只有重力作用下质点沿此旋轮线从 A 滑到 B 所需时间最短, 为 $\sqrt{\dfrac{R}{g}}\theta_0$ 秒, 即

$$T = \int_0^{\theta_0} \frac{R\sqrt{2(1-\cos\theta)}\mathrm{d}\theta}{\sqrt{2gy}} = \int_0^{\theta_0} \sqrt{\frac{R}{g}}\mathrm{d}\theta = \sqrt{\frac{R}{g}}\theta_0.$$

注 (1) 两种方法推导过程中得到的方程式 (7) 和 (1) 是一样的. (2) 进一步可考虑初始速度不为零的质点的最速降线问题, 类似推导出答案.

 ## 3.6 最速降线理论的应用

我们在数学上证明了最速降线是旋轮线, 在只有重力作用下沿着直线和旋轮线下滑时间不同, 其物理原理为在同一高度滚下的两个球, 两球下滚的原因都是受重力分力的作用, 沿直线下滚的球, 下滑的加速度保持不变, 速度稳定地增加. 沿着旋轮线下滑时, 开始的一段的坡度非常大, 加速度大, 使得下滑的球在非常短的时间内获得的下滑速度非常大. 虽然在下滑的后半阶段, 坡度逐渐变小、速度增加变缓, 但此时的下滑速度已经变得很大. 即使旋轮线的长度比线段的长度大, 沿着旋轮线下滑的时间却比沿直线短.

下面我们介绍最速降线 (旋轮线) 理论的应用, 除了上述惠更斯利用旋轮线的等时性发明了摆钟, 最速降线理论在粮食仓储物流、农业机械、水利建设、建筑设计、游乐场的滑梯设计等方面都有应用.

最速降线理论在仓储工艺和设备上可发挥重要作用, 如改善空气斜槽、溜管和布粮器等设备的性能参数, 优化粮食仓储工艺等[9].

空气斜槽输送系统是利用风机通过透气层吹出的有一定压力的空气使透气层的物料流态化, 在倾斜布置的槽内物料靠自身的重力下滑而达到输送目的, 通常用于近距离输送干燥粉状物料, 最速降线理论可用于优化设备的形状参数, 减少物料下降所需的时间来增大输送效率.

溜管是以 "四散" 技术为基础的机械化粮库中的常用设备, 它是依靠粮食流动性好的物性, 依靠重力作用进行粮食进出仓等工艺的辅助设备, 在粮食仓储物流中广泛应用. 物料沿最速降线下降就可以在最大速度不增加的前提下, 用比较短的时间完成下落过程, 在工程实际中这将减少物料对管壁的磨损, 从而提高溜管的寿命, 进而提高设备运行效率.

布粮器作为浅圆仓的进粮设备, 最速降线理论可以在提高粮食进仓速度的同时, 不增加粮食末端速度, 从而减小粮食破损和管道的磨损.

最速降线理论在农业机械免耕播种机强制回土装置设计中也有应用[8].

最速降线理论在排水道设计、屋顶设计中可发挥重要作用. 在液体仅依靠重力流动的导流槽设计上 (应) 有一些应用, 若水库大坝落水点在出水口的正下方的泄洪水道设计为最速降线形状, 可缩短水流通过时间, 增加效率. 我国古建筑中的 "大屋顶" 最速降线形状设计可加速降雨排水, 从侧面看上去, "等腰三角形" 的两腰不是线段, 而是两段最速降线, 按照这样的原理设计, 在夏季暴雨时, 可以使落在屋顶上的雨水, 以最快的速度流走, 从而对房屋起到保护的作用, 同时也起到美化艺术效果 (见建筑图片 1). 国外也有艺术博物馆采用旋轮线设计屋顶, 例如美国得克萨斯州沃斯堡的金贝尔艺术博物馆 (Kimbell Art Museum, 见建筑图片 2) 的屋顶上的多个拱形就是由一系列间隔的旋轮线组成的, 这个图形给予了它平滑的优美外观.

建筑图片 1　中国古建筑

建筑图片 2　美国 Kimbell Art Museum

致谢: 本文在写作过程中主编席南华院士仔细阅读, 多次提出宝贵修改意见, 我的博士生于萌帮助绘制了 5 幅数学坐标图, 其他图片来自网络, 在此一并表示感谢.

 参考文献

[1]　张恭庆. 变分学讲义. 北京: 高等教育出版社, 2011.

[2]　Zhang Z T. Variational, Topological, and Partial Order Methods with Their Applications. Heidelberg: Springer, 2013.

[3]　李树杰, 张志涛. 拓扑与变分方法及应用. 北京: 科学出版社, 2021.

[4]　李文林. 数学史概论. 4 版. 北京: 高等教育出版社, 2021.

[5]　博耶 (Carl. B. Boyer). 数学史 (上、下). 秦传安, 译. 北京: 中央编译出版社, 2012.

[6]　Chang K C. Methods in Nonlinear Analysis. Heidelberg: Springer, 2005.

[7]　郭大钧. 非线性泛函分析. 济南: 山东科学技术出版社,1985.

[8] 史乃煜, 陈海涛, 魏志鹏, 柴誉铎, 侯守印, 王星. 基于最速降线原理的免耕播种机强制回土装置研究. 农业机械学报, 2020, 51(2): 37-44, DOI: 10.6041/j.issn.1000-1298.2020.02.005.

[9] 张正华, 赵祥涛, 张明学, 辛烁军. 最速降线在粮食仓储物流中的应用. 粮食流通技术, 2010(2): 15-16, 31.

4 生活中的电磁和数学

郑伟英　崔　涛

我们在生活中经常遇到这样一些小问题: 手机或电脑的电磁辐射对人体的伤害有多大? 光为什么可以在真空中传播? 在冬天干燥环境下, 我们接触化纤类衣物时为什么经常被 "针扎" 一下? 这些有趣的问题都来源于不同场景下的电磁现象, 它们看不见摸不着, 却像幽灵一样游荡在我们周围. 为了揭开电磁幽灵的神秘面纱, 我们穿越到 17—19 世纪, 一窥电磁理论发现和发展的波澜历程, 并利用数学理论和方法对麦克斯韦方程组做一些简单分析, 探索一些普通电磁现象背后的奥秘.

 4.1 电磁场与电流

我们与电磁最直接的亲密接触是静电现象. 在冬天寒冷的北方, 脱毛衣时产生的静电经常让头发根根直立, 如炸毛的刺猬, 有时还会给大家来一些亲密的 "小火花", 感觉颇不舒服. 夏天的雷雨之夜, 小朋友们总感觉轰隆隆的雷声仿佛在耳边炸响, 一道道闪电撕裂漆黑的夜空, 乌云勾勒出各种奇怪且狰狞的造型. 这种感觉既害怕又兴奋, 也给了小朋友们充分的理由让爸爸妈妈陪着睡觉.

我们每天使用智能手机, 当手指触碰手机屏幕时, 是在通过改变手机的局部电场发出指令 (如图 1). 手机屏幕的工作原理是: 当手指 (导体) 触碰屏幕时, 手指与屏幕下方的传导层形成一个临时电容, 在屏幕四角测量这个电容就可以定位出手指触摸的位置.

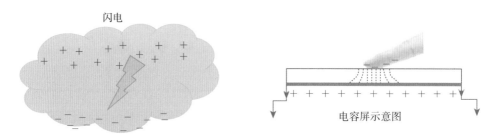

图 1 静电场: 闪电、手机电容屏幕

事实上, 当一个带电导体接近另一个导体时, 将使导体中的电荷分布发生变化, 当周围形成的静电场能量积聚到一定程度时, 就会击穿介质 (如雷电击穿空气) 而进行放电, 形成 "小火花". 这种由电荷激发的静电场会给工业生产造成安全隐患, 例如放电产生的火花引发油库火灾等. 静电作用也会给我们的日常生活带来很多便利, 如静电除尘、静电复印、电子产品中的电容器元件等.

对于磁现象的认识和利用, 人们从古时候就开始了. 如北宋沈括的《梦溪笔谈》对指南针的记载: "方家以磁石磨针缝, 则能指南."1600 年, 英国医生吉尔伯特 (William Gilbert) 在其著作 "De magnete, magneticisque corporibus et de magnomagnete tellure" 中系统研究了磁现象[5]. 生活中还有很多有趣的磁现象, 比如利用磁铁寻找细针、磁悬浮列车、用磁带记录动听的音乐等等.

在 17—18 世纪, 人们对静电学的实验研究取得了重大进步. 德国物理学家格里克 (Otto von Guericke) 发明了摩擦起电机, 他发现经过摩擦的硫磺球周围会引起羽毛和树叶聚集, 同时会使另外一些轻物远离. 这验证了静电感应现象的存在. 英国牧师格雷 (Stephen Gray) 通过实验研究了电的传导现象, 发现了导体和绝缘体的区别. 法国物理学家杜菲 (Charles-Francois du Fay) 通过实验发现了两种不同性质电荷的的存在, 并系统总结了静电相互作用[5]. 另外一位大家熟知的物理学家是富兰克林 (Benjamin Franklin), 关于他最著名的故事是费城电风筝实验. 据说在 1752 年的某个雷雨天, 富兰克林放飞了一只丝绸风筝, 并在风筝线上观察到电火花现象. 由此证明雷电现象也是自然放电的一种. 富兰克林提出的观点是: 电不是摩擦产生的, 而是通过摩擦作用把电荷集中起来; 电是物质的一种元素, 有正电和负电之分; 在任一封闭系统内, 电的总量是守恒的, 它不能产生或湮灭, 只能被重新分配. 富兰克林对于电性质概念的解释很接近当代的观点, 后人把他看作电学理论的奠基人.

18 世纪中叶, 牛顿的万有引力定律已经是相对成熟的理论, 一个自然的想法是类比万有引力来研究静电相互作用. 这方面的代表性学者有德国柏林科学院院士爱皮努斯 (Franz Maria Ulrich Theodor Hoch Aepinus)、瑞士著名数学家和物理学家丹尼尔·伯努利 (Daniel Bernoulli)、英国化学家普里斯特利 (Joseph Priestley)、英国化学家和物理学家卡文迪什 (Henry Cavendish)、法国物理学家库仑 (Charles-Augustin de Coulomb) 等. 1772—1773 年, 卡文迪什设计了一个巧妙的双层同心球实验, 精确测量出电力与距离平方成反比关系, 这正是后来库仑定律描述的结果. 非常可惜, 他的实验结果和研究手稿并未发表, 直到一百多年后的 1879 年才由麦克斯韦整理发表. 对于电荷相互作用力, 现在人们公认的研究成果是库仑 1785 年发现的 "库仑定律". 库仑利用电扭秤实验, 发现了电力与距离平方的反比例关系. 他在 1785 年、1787 年发表两篇论文, 详细介绍了电扭秤实验的设计和测量过程.

18 世纪末, 关于电学的研究逐渐从静电发展到电流. 意大利学者伽伐尼 (Aloisio Galvani) 和伏特 (Alessandro Volta) 对动物电学的实验研究起到了引领性的作用, 尤其是对青蛙神经电学实验现象的探究, 促成了伏特最重要的贡献——伏特电池的诞生. 伏特通过大量实验, 发明了伏特电池, 并统一解释了学者们关于各种动物电实验的现象. 正是伏特电池的出现, 使得取电和产生电流变得方便有效, 这极大地推动了学者对电流规律和电流各种效应的研究和认识. 不夸张地说, 伏特电池可以看作电气文明的起步. 至今我们使用的电压单位仍以 "伏特" 命名.

17 世纪初期, 人们还普遍认为电和磁是两个不相关的东西, 其中包括吉尔伯特和库仑等著名学者. 电流的产生和对电流规律的深入研究, 使得电磁耦合, 尤其是 "电产生磁" 的观点, 逐渐成为主流. 丹麦物理学家奥斯特 (Hans Christian Oersted) 于 1820 年发现电流具有磁效应, 揭开了电学快速发展的序幕, 使得此后 20 年成为电磁学发展的辉煌时期[5]. 1820 年 7 月 21 日, 奥斯特在《论磁针的电流撞击实验》的 4 页论文中, 报告了他的实验装置和 60 多次实验的结果: 电流的磁效应存在于载流导线的周围且围绕导线的螺旋方向; 磁效应可以穿透各种介质; 作用强弱依赖于介质本身的性质、导线内电流的强弱以及导线到磁针的距离; 通电的环形导体可以看作有两个磁极的磁针等. 奥斯特的发现在欧洲产生了巨大的轰动.

法国物理学家安培 (André Marie Ampére)、毕奥 (Jean-Baptiste Biot)、萨伐尔 (Felix Savart) 等人很快用实验验证了奥斯特的成果. 在 1820 年 9—10 月, 安培连续报告了他的实验成果, 包括确定磁针偏转方向的右手定则、不同电流导线之间的相互作用等[5]. 安培是电动力学的创始人之一, 他 1775 年出生在法国里昂的一个富商家庭, 从小受到良好的家庭教育. 安培最主要的成就是 1820—1827 年对电磁作用的研究, 在电磁学规律的定量表述方面做出了里程碑式的成果. 他的研究习惯是先通过实验现象观察电流之间的相互作用, 进而在实验结果的基础上总结规律并进行数学推导. 1827 年, 安培首先推导出了电动力学的公式, 建立了电动力学的基本理论. 基于对电动力学的开创性贡献, 安培被麦克斯韦誉为 "电学中的牛顿". 奥斯特与安培的图像见图 2.

17—18 世纪的电磁学研究以实验为主, 发现和总结出了电学、磁学以及电流磁感应的各种规律, 但仍然缺少像牛顿力学那样清晰完整的原理性描述和严格的数学表达. 另一方面, 牛顿力学的建立对电磁学的发展起到了至关重要的启发和推动作用, 尤其是库仑定律的发现, 如果没有万有引力定律的启发, 对这一规律的探索仍要持续很长一段时间. 牛顿已经建立了经典力学的大统一理论, 人们是否有可能基于实验发现的电学规律来建立数学模型, 在一个框架体系内表述电场、磁场和电流, 形成电磁学的大统一理论? 这当然是一个漫长的过程, 仿佛也在等待一位天才科学家——麦克斯韦的诞生.

图 2　左: 汉斯·克里斯蒂安·奥斯特; 右: 安德烈·玛丽·安培

4.2 麦克斯韦的统一电磁场理论

詹姆斯·克拉克·麦克斯韦 (James Clerk Maxwell) (图 3), 1831 年 6 月 13 日出生于英国苏格兰爱丁堡, 英国著名物理学家和数学家、经典电动力学的创始人、统计物理学的奠基人之一. 从 1855 年至 1865 年, 麦克斯韦在迈克尔·法拉第 (Michael Faraday)、威廉·汤姆孙 (William Thomson) 等人工作的基础上, 前后历经 10 年时间, 通过 3 篇近百页的论文, 建立了电和磁的大统一理论, 并且预言了电磁波的存在, 光就是一种电磁波[5,6]. 让我们重新回到 19 世纪, 一观麦克斯韦创建电磁学理论的历程.

图 3 詹姆斯·克拉克·麦克斯韦

1856 年 2 月, 麦克斯韦在《哲学杂志》上发表了关于电磁理论的第一篇论文 "论法拉第力线"[1,6]. 在该文中, 麦克斯韦对电磁学物理量和不可压流体物理量进行类比研究, 通过引入 "电应力函数 (向量磁势) $\boldsymbol{A}$", 将磁感应强度 $\boldsymbol{B}$ 和感应电动势联系起来

$$\boldsymbol{B} = \operatorname{curl} \boldsymbol{A}, \quad \boldsymbol{E} = -\frac{\partial \boldsymbol{A}}{\partial t}, \tag{1}$$

这里 $\boldsymbol{A} = \boldsymbol{A}(x, y, z, t)$, $\boldsymbol{B} = \boldsymbol{B}(x, y, z, t)$, $\boldsymbol{E} = \boldsymbol{E}(x, y, z, t)$ 均为空间坐标 x, y, z 和时间变量 t 的向量值函数. $\operatorname{curl} \boldsymbol{A}$ 表示向量函数 $\boldsymbol{A} = (A_1, A_2, A_3)^\top$ 的旋度, 其分量可以用偏导数表示如下 [①]

$$\operatorname{curl} \boldsymbol{A} = \left(\frac{\partial A_3}{\partial y} - \frac{\partial A_2}{\partial z}, \frac{\partial A_1}{\partial z} - \frac{\partial A_3}{\partial x}, \frac{\partial A_1}{\partial y} - \frac{\partial A_2}{\partial x} \right)^\top.$$

此外, $\dfrac{\partial \boldsymbol{A}}{\partial t}$ 为向量函数 $\boldsymbol{A}$ 关于时间 t 的偏导数, 仍然是向量函数, 具有

---

① 多元函数 f 对某个变量求偏导数, 是指在对 f 关于该变量求导数的过程中, 把其他变量看作常数. 如函数 $f(x, y, z, t) = (x^2 + t)(y^2 + z) + \sin x$ 关于变量 y 的偏导数为 $\frac{\partial f}{\partial y} = 2(x^2 + t)y$.

如下形式

$$\frac{\partial \boldsymbol{A}}{\partial t} = \left(\frac{\partial A_1}{\partial t}, \frac{\partial A_2}{\partial t}, \frac{\partial A_3}{\partial t}\right)^{\top}.$$

根据 (1) 中的等式, 麦克斯韦发现了一种不同于有源静电场的电场, 称之为无源的涡旋电场 ($\mathbf{curl}\, \boldsymbol{E} \neq 0$). 他发现这种涡旋电场是由磁场变化产生的, 并从数学上刻画了 "磁场的变化产生电场" 这一机理, 即

$$\mathbf{curl}\, \boldsymbol{E} = -\frac{\partial \boldsymbol{B}}{\partial t}. \tag{2}$$

在这篇文章中, 麦克斯韦还建立了磁场强度 $\boldsymbol{H}$ 和磁感应强度 $\boldsymbol{B}$、磁场强度和电流密度以及电场强度和电流密度之间的关系:

$$\boldsymbol{B} = \mu \boldsymbol{H}, \quad \mathbf{curl}\, \boldsymbol{H} = \boldsymbol{J}, \quad \sigma \boldsymbol{E} = \boldsymbol{J}, \tag{3}$$

其中 μ 表示介质的磁导率, σ 表示介质的电导率. 在 (3) 中, 第二个方程表达的物理含义是: 传导电流 $\boldsymbol{J}$ 可以产生磁场 (或磁感应强度).

结合 (1) 和 (3), 我们容易推导出一个抛物型方程

$$\frac{\partial}{\partial t}(\mu \boldsymbol{H}) + \mathbf{curl}(\sigma^{-1} \mathbf{curl}\, \boldsymbol{H}) = 0. \tag{4}$$

这正是电工领域常用的电磁涡流模型 (eddy current model), 主要描述导电介质内磁场、电场和传导电流的转换机制. 这是一个耗散系统, 描述了电磁能因转化成热能而逐渐减少的过程, 可由下式概括

$$\text{磁场变化} \xrightarrow{(2)} \text{电场} \xrightarrow{J=\sigma E} \text{传导电流} \longrightarrow \text{热能}.$$

麦克斯韦的第一篇论文揭示了电场与磁场深刻的内在联系, 同时也提出了一个新的问题: "变化的电场产生什么场?" 他在第二篇论文里回答了这个问题.

麦克斯韦的第二篇文章 "论物理力线" 分为四个部分, 分别发表于 1861 年和 1862 年的《哲学杂志》上. "目的是研究介质中的应力和运动中某些状态的力学效果, 并将它们与观察到的电磁现象加以比较, 为了解力线的实质做准备[2,5]." 在这篇文章中, 麦克斯韦提出了一种分子涡旋模型 (见图 4), 解释了变化电场和磁场之间的关系.

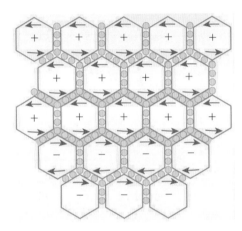

图 4   麦克斯韦的分子涡旋模型

受到感应的电介质会产生一种极化状态, 部分电荷在分子附近随时间偏移, 但不会像自由电荷那样做定向运动. 这种电荷偏移的宏观效应在电介质内产生随时间变化的电位移 $\boldsymbol{D}$, 其时间变化率定义了一种区别于传导电流 $\boldsymbol{J}_{\mathrm{cond}} = \sigma \boldsymbol{E}$ (自由电荷电流) 的位移电流 $\boldsymbol{J}_{\mathrm{disp}} = \dfrac{\partial \boldsymbol{D}}{\partial t}$. 由此, (3) 可以修改为

$$\boldsymbol{B} = \mu \boldsymbol{H}, \quad \operatorname{curl} \boldsymbol{H} = \boldsymbol{J}, \quad \boldsymbol{J} = \sigma \boldsymbol{E} + \frac{\partial \boldsymbol{D}}{\partial t}. \tag{5}$$

类似于 (4) 的推导, 结合 (1) 和 (5), 我们可以得到

$$\frac{\partial^2 \boldsymbol{D}}{\partial t^2} + \operatorname{curl}(\mu^{-1} \operatorname{curl} \boldsymbol{E}) + \sigma \frac{\partial \boldsymbol{E}}{\partial t} = 0. \tag{6}$$

显然, 位移电流 $\boldsymbol{J}_{\mathrm{disp}}$ 产生于电荷偏移导致的电场变化, 而电荷产生的电场充满全空间 (长程作用). 因此即使在真空中, 仍然存在位移电流. 由

于真空中的电导率 $\sigma = 0$, 电位移 $\boldsymbol{D} = \varepsilon \boldsymbol{E}$ 且介电系数 ε 为常数, (6) 简化为关于 $\boldsymbol{E}$ 的二阶双曲型方程

$$\frac{\partial^2 \boldsymbol{E}}{\partial t^2} + \mathbf{curl}\left[(\varepsilon\mu)^{-1}\,\mathbf{curl}\,\boldsymbol{E}\right] = 0. \tag{7}$$

这说明麦克斯韦方程组在真空中描述的是波传播过程. **这也回答了本文开头的问题: 电磁波可以在真空中传播.**

麦克斯韦在论文中预测了电磁波的存在, 并且光也是一种电磁波. 借此, 麦克斯韦将光学纳入了电磁学的范畴. 他写道: "我们难以排除如下的推论: 光是由同一介质中引起电现象和磁现象的横波组成的[3,5]." 至此, 麦克斯韦方程组的完整形式已经呼之欲出, 还有电位移矢量 $\boldsymbol{D}$ 与电磁场 $\boldsymbol{E}, \boldsymbol{H}$ 之间的本构关系没有确定. 科学史上最璀璨的一颗明珠, 即使对天才麦克斯韦, 也要耗费十年之功.

1865 年, 麦克斯韦发表了关于电磁场理论的第三篇文章, 全面论述了他的电磁场理论. 该理论包括 20 个方程和 20 个变量, 构成了一个完整的封闭系统. 用现代符号, 这些方程可以写成 6 个向量方程和两个标量方程[5]

$$\boldsymbol{J} = \boldsymbol{J}_{\text{cond}} + \frac{\partial \boldsymbol{D}}{\partial t}, \qquad\qquad (\text{电位移方程})$$

$$\boldsymbol{E} = -\mu\boldsymbol{H} \times \boldsymbol{u} - \frac{\partial \boldsymbol{A}}{\partial t} - \nabla\phi, \qquad\qquad (\text{电动势方程})$$

$$\mathbf{curl}\,\boldsymbol{H} = \boldsymbol{J}, \qquad\qquad (\text{电流方程})$$

$$\mathbf{curl}\,\boldsymbol{A} = \mu\boldsymbol{H}, \qquad\qquad (\text{磁场力方程})$$

$$\boldsymbol{E} = \varepsilon^{-1}\boldsymbol{D}, \qquad\qquad (\text{电弹性方程})$$

$$\boldsymbol{E} = \sigma^{-1}\boldsymbol{J}_{\text{cond}}, \qquad\qquad (\text{电阻方程})$$

$$\text{div}\,\boldsymbol{D} = \rho, \qquad\qquad (\text{电荷方程})$$

$$\frac{\partial \rho}{\partial t} + \text{div}\,\boldsymbol{J}_{\text{cond}} = 0, \qquad\qquad (\text{连续性方程})$$

其中 $\boldsymbol{u}$ 为介质的运动速度, ϕ 为标量电势, $\operatorname{div}\boldsymbol{D}$ 表示向量磁势 $\boldsymbol{D} = (D_1, D_2, D_3)^\top$ 的散度, $\nabla\phi$ 表示标量电势 ϕ 的梯度, 具有如下形式:

$$\operatorname{div}\boldsymbol{D} = \frac{\partial D_1}{\partial x} + \frac{\partial D_2}{\partial y} + \frac{\partial D_3}{\partial z}, \quad \nabla\phi = \left(\frac{\partial\phi}{\partial x}, \frac{\partial\phi}{\partial y}, \frac{\partial\phi}{\partial z}\right)^\top.$$

若介质运动速度 $\boldsymbol{u}$ 远小于光速, $\mu\boldsymbol{H} \times \boldsymbol{u}$ 项可以忽略. 再消去中间变量 $\boldsymbol{A}$ 和 ϕ, 麦克斯韦方程组可以简化成四个向量或标量方程组成的紧凑形式, 每个方程被后人冠以相应物理定律的名字:

$$
\begin{aligned}
&\frac{\partial\boldsymbol{B}}{\partial t} + \operatorname{\mathbf{curl}}\boldsymbol{E} = 0, && \text{(法拉第定律)} \\
&\frac{\partial\boldsymbol{D}}{\partial t} - \operatorname{\mathbf{curl}}\boldsymbol{H} + \boldsymbol{J}_{\mathrm{cond}} = 0, && \text{(安培定律)} \\
&\operatorname{div}\boldsymbol{D} = \rho, && \text{(电高斯定律)} \\
&\operatorname{div}\boldsymbol{B} = 0. && \text{(磁高斯定律)}
\end{aligned}
\tag{8}
$$

至此, 麦克斯韦完成了经典电磁学理论的统一描述. 他的这一成果可以和牛顿经典力学的成就相媲美, 成为现代电磁学理论的基石, 也为物理学研究开辟了一个广阔的领域.

毫无疑问, 麦克斯韦的成就是建立在很多伟大科学家的辉煌成果之上的. 对他影响最大的两位物理学家是迈克尔·法拉第和威廉·汤姆孙 (图 5).

图 5　左: 迈克尔·法拉第; 右: 威廉·汤姆孙 (图片来自网络)

他的第一篇论文就是专门讨论法拉第的"力线"和"电应力函数",他为法拉第观察到的电磁感应现象和提出的思想建立了数学基础,形成了系统的理论解释. 1865 年,法拉第在给麦克斯韦的一封信中说:"我亲爱的先生,接到你的论文,我深表谢意. 我感谢你并非因为你谈论了(法拉第)力线,而是因为你已经在哲学真理的意义上解决了这一问题. 你的工作使我感到愉快,并鼓励我去做进一步的思考. 当我知道你要构造一种数学形式来研究这一主题时,起初我几乎是吓坏了,然后才惊讶地看到这个主题居然处理得如此之好!"法拉第认为这位年青人是真正理解他物理思想的人,鼓励他要继续探索,有所突破[6].

另一位对麦克斯韦影响巨大的学者是他在剑桥大学的同事威廉·汤姆孙. 威廉·汤姆孙年长麦克斯韦 7 岁,是热力学温标(绝对温标)的提出者,也被称为热力学之父. 他利用热传导类比研究静电问题,利用与不可压缩流体问题、弹性问题的相似性研究电磁问题,初步形成了电磁作用的统一理论[5]. 威廉·汤姆孙把自己的全部研究成果介绍给麦克斯韦,并鼓励他建立电磁现象的大统一理论,这为麦克斯韦最后完成电磁场理论奠定了基础. 可以说,威廉·汤姆孙对麦克斯韦亦师亦友,他的研究方法和研究思想极大地影响了麦克斯韦. 如前所述,麦克斯韦在第一篇电磁学论文中,就是用不可压缩流体类比法研究电磁涡流问题.

1931 年,爱因斯坦在麦克斯韦百年诞辰的纪念会上,评价他的统一电磁场理论"是继牛顿之后物理学最深刻和成果最丰富的工作". 麦克斯韦在电磁学的成就被誉为继牛顿之后"物理学的第二次大统一". 据说爱因斯坦在 20 世纪 20 年代访问剑桥大学的时候[4],有人评价他:"你做出了伟大的工作,却是站在牛顿肩膀上完成的." 爱因斯坦回答:"不,我是站在麦克斯韦的肩膀上完成的."

2004 年,英国物理学会的知名期刊《物理世界》做了一个读者调查,请读者评选历史上"最伟大的方程". 调查的发起者是美国石溪大学哲学系讲座教授罗伯特·P. 克里斯 (Robert P. Crease),调查结果刊登在 2004 年第 10 期的《物理世界》上. 在收到的 120 份投票中,麦克斯韦方程组名列第一. 克里斯评论说: "尽管麦克斯韦方程组的形式相对简单, 却惊人地统一了电磁理论, 将几何、拓扑和物理联系在一起, 重塑了我们对自然的认知. 麦克斯韦方程组不仅给科学家呈现了一条通往物理学的新道路, 而且使他们在统一自然界基本力的方向上迈出了第一步."

2013 年, 著名数学家、英国皇家学会会员伊恩·斯图尔特 (Ian Stewart) 出版了科普图书《改变世界的 17 个方程》, 麦克斯韦方程组被列在第 11 位. 需要指出, 斯图尔特列出的 17 个方程中大部分是常见公式, 如勾股定理、对数运算 $\log(xy) = \log x + \log y$、导数定义、万有引力公式等, 包含未知变量的偏微分方程只有 5 个, 分别是: 波动方程 (第 8 位)、Navier-Stokes 方程组 (第 10 位)、Maxwell 方程组 (第 11 位)、Schrödinger 方程 (第 14 位) 和 Black-Scholes 方程 (第 17 位). 他在书中评论: "麦克斯韦方程组不仅仅是改变了世界, 而且创造了一个新的世界."

随着科技的迅速发展, 我们的生活已经从电气化时代过渡到微电子时代. 电磁理论及其应用时刻并深刻地影响着人们的生活, 这一领域取得的成就也是科技发展最重要的一块版图. 可以说, 21 世纪前 20 年最令人瞩目的成就是高性能计算机技术和微电子技术的进步, 基于麦克斯韦方程组及其简化模型的电磁场计算方法和电磁仿真软件逐渐成为科技舞台上的主角.

4.3 电磁涡流问题

下面我们从麦克斯韦方程组出发, 从数学上做一些定量的分析, 回答本文开头的另外一个问题: 手机或电脑的电磁辐射会对人体造成多大伤害 (图 6)? 并借助这个生活小问题, 介绍麦克斯韦方程组的一类重要简化模型.

为简便起见, 假设电磁场是由单频率交流电源激发的, 即激发电流

图 6　电磁辐射是游荡在身边的幽灵?

密度 $\boldsymbol{J}_s$ 为随时间做周期变化的三角函数

$$\boldsymbol{J}_s(\boldsymbol{x}, t) = \boldsymbol{j}_s(\boldsymbol{x})\mathrm{e}^{\mathrm{i}\omega t}, \quad \mathrm{e}^{\mathrm{i}\omega t} = \cos(\omega t) + \mathrm{i}\sin(\omega t),$$

其中 ω 为角频率, $\mathrm{i} = \sqrt{-1}$ 为虚数单位. 对于线性麦克斯韦方程组, 电磁场也是角频率为 ω 的时间周期函数, 即

$$\boldsymbol{H}(\boldsymbol{x}, t) = \boldsymbol{h}(\boldsymbol{x})\mathrm{e}^{\mathrm{i}\omega t}, \quad \boldsymbol{B}(\boldsymbol{x}, t) = \mu\boldsymbol{H}(\boldsymbol{x}, t) = \mu\boldsymbol{h}(\boldsymbol{x})\mathrm{e}^{\mathrm{i}\omega t},$$

$$\boldsymbol{E}(\boldsymbol{x}, t) = \boldsymbol{e}(\boldsymbol{x})\mathrm{e}^{\mathrm{i}\omega t}, \quad \boldsymbol{D}(\boldsymbol{x}, t) = \varepsilon\boldsymbol{E}(\boldsymbol{x}, t) = \varepsilon\boldsymbol{e}(\boldsymbol{x})\mathrm{e}^{\mathrm{i}\omega t}.$$

将上述等式代入 (8), 并约分掉指数因子 $\mathrm{e}^{\mathrm{i}\omega t}$, 可以得到时谐的麦克斯韦方程组

$$(\sigma + \mathrm{i}\omega\varepsilon)\boldsymbol{e} = \mathbf{curl}\,\boldsymbol{h} - \boldsymbol{j}_s, \quad \mathrm{i}\omega\mu\boldsymbol{h} + \mathbf{curl}\,\boldsymbol{e} = 0. \tag{9}$$

这里 $\boldsymbol{e}, \boldsymbol{h}$ 分别表示随空间变化的电场强度和磁场强度.

电磁波经辐射源发出后, 向空间各个方向传播, 在绝缘介质 $(\sigma = 0)$ 内以电磁波形式传播, 在导电介质 $(\sigma > 0)$ 内则产生电流并最终转化成热能密度 $\sigma|\boldsymbol{e}|^2$. 处于电磁波覆盖区域的目标物 (如图 7 右侧的人体) 内, 电流密度为 $\boldsymbol{j} = (\sigma + \mathrm{i}\omega\varepsilon)\boldsymbol{e}$. 显然 $\boldsymbol{j}$ 包含位移电流密度 $\boldsymbol{j}_{\mathrm{disp}} = \omega\varepsilon\boldsymbol{e}$ 和传导电流密度 $\boldsymbol{j}_{\mathrm{cond}} = \sigma\boldsymbol{e}$ 两部分. 如上一节所述, 位移电流由介质

极化产生, 强度很大时有可能破坏介质的分子结构并造成伤害, 它的强度正比于角频率和介电系数的乘积 $\omega\varepsilon$ 以及辐射源 $\boldsymbol{j}_s$ 的强度. 传导电流 $\boldsymbol{j}_{\mathrm{cond}} = \sigma\boldsymbol{e}$ 主要由介质内自由电荷迁移产生, 这部分能量转化成热能使介质局部升温, 它的强度正比于介质的电导率以及辐射源 $\boldsymbol{j}_s$ 的强度.

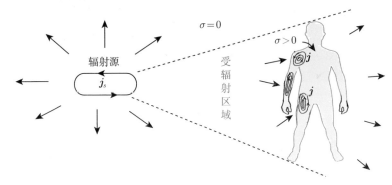

图 7　电磁波在导电介质内产生微弱电流

现在我们以人体组织和手机工作信号的频率 $(9 \times 10^8\ \mathrm{Hz})$ 为例, 粗略估计一下位移电流密度和传导电流密度的大小. 人体肌肉组织的电导率约为 $10^3 (\mathrm{s/m})$ 量级[7], 介电常数约为 $10^{-10} (\mathrm{F/m})$ 量级[8]. 从而

$$\left| \boldsymbol{j}_{\mathrm{disp}} \right| = \omega\varepsilon \left| \boldsymbol{e} \right| \approx 10^8 \times 10^{-10} \times \left| \boldsymbol{e} \right| = 10^{-2} \left| \boldsymbol{e} \right|,$$

$$\left| \boldsymbol{j}_{\mathrm{cond}} \right| = \sigma \left| \boldsymbol{e} \right| \approx 10^3 \times \left| \boldsymbol{e} \right|. \tag{10}$$

显然, 人体组织内位移电流密度大小约是传导电流密度的十万分之一, 位移电流带来的影响可以忽略. 事实上, 家用电器或电子设备的功率一般很小, 发出的电磁波只有一小部分直接辐射到目标物上 (见图 7), 并通过传导电流转化为热能.

由此可见, 合理使用现代化电子产品, 电磁辐射给身体带来的影响是可以忽略的. 同样, 我们也无需担心社区安装的通信基站带来的辐射伤害.

从 (10) 中两项的简单对比可以发现, 在中低频电磁波环境下工作的电磁设备, 位移电流的大小远远小于传导电流, 数值仿真时可以在麦克斯韦方程组中忽略位移电流 $\boldsymbol{j}_{\mathrm{disp}}$, 而采用如下的电磁涡流模型:

$$\sigma\boldsymbol{e} = \operatorname{\mathbf{curl}}\boldsymbol{h} - \boldsymbol{j}_s, \quad \mathrm{i}\omega\mu\boldsymbol{h} + \operatorname{\mathbf{curl}}\boldsymbol{e} = 0.$$

进一步, 上述方程组可以简化为

$$\operatorname{\mathbf{curl}}(\mu^{-1}\operatorname{\mathbf{curl}}\boldsymbol{e}) + \mathrm{i}\omega\sigma\boldsymbol{e} = -\mathrm{i}\omega\boldsymbol{j}_s \quad \text{在区域 } \Omega \text{ 内部}, \tag{11}$$

其中 Ω 为包含电磁设备在内的有界区域. 工业界对电工设备仿真时, 主要关心涡流损耗对设备带来的影响, 普遍采用电磁涡流模型.

我们以工业常用 A3 钢为例说明涡流模型的合理性, 室温下的材料特性为

$$\sigma = 4.6 \times 10^6 \,\mathrm{s/m}, \quad \varepsilon = \varepsilon_0 = 8.854 \times 10^{-12}\,\mathrm{F/m}.$$

功率电磁场一般在 50—1000 Hz 范围内, 类似于 (10) 计算可得

$$|\boldsymbol{j}_{\mathrm{disp}}| = \omega\varepsilon\,|\boldsymbol{e}| < 10^{-8} \times |\boldsymbol{e}|, \quad |\boldsymbol{j}_{\mathrm{cond}}| = 4.6 \times 10^6 \times |\boldsymbol{e}|.$$

这说明 A3 钢板中通过电磁波形式辐射出的电磁场能量远小于通过传导电流耗散在内部的能量. 如果只关心材料内部的电磁场和电流场, 数值仿真时只需在区域边界上施加切向零边界条件

$$\boldsymbol{e} \times \boldsymbol{n} = 0 \quad \text{在边界 } \partial\Omega \text{ 上}, \tag{12}$$

其中 $\boldsymbol{n}$ 为区域边界 $\partial\Omega$ 上的单位外法向量. 在电工设备的数值仿真中, 这种近似边界条件不会给仿真精度带来大的影响.

电磁涡流模型在电工领域的一个典型应用是大型变压器仿真. 国际计算磁学会的第 21 基准族问题 (TEAM Workshop Problem 21) 就是由中国计算电磁专家程志光教授提出的, 目的是促进变压器构件仿真算法和仿真软件的发展[9]. 图 8 给出了第 21 基准族中 Problem 21-a2 模型的几何描述, 系统由两个电流方向相反的交流线圈和一张开槽的 A3 钢

板组成. 基于涡流模型 (11)-(12) 的数值仿真显示[10], 实验测得的磁感应强度数值和数值仿真得到的结果非常一致 (见图 9). 图 10 显示了开槽钢板内涡流的流向和分布.

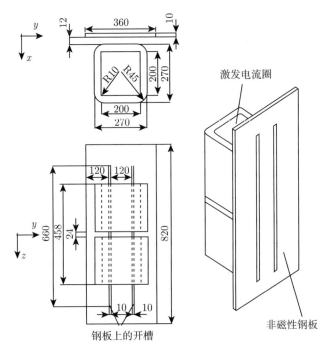

图 8 TEAM Workshop Problem 21-a2 基准问题的几何描述

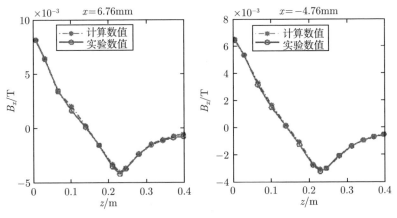

图 9 磁感应强度实验值和计算值的比较

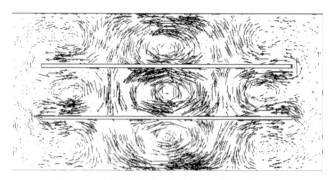

图 10 数值仿真得到的钢板内涡流分布

4.4 电磁波散射问题

麦克斯韦方程组的另一类重要应用是电磁波散射问题, 如飞行器的电磁隐身设计和反隐身探测等. 如图 11 所示, 雷达波照射到飞行器表面, 电磁波被飞行器表面散射后向各个方向传播, 接收雷达利用探测到的散射波数据来反演飞行器外形和位置. 而隐身设计则是通过优化飞行器外形或在飞行器表面涂盖电磁波吸收材料, 减弱雷达接收到的散射波, 达到一定程度的隐身效果.

图 11 飞行器电磁波散射

从数值仿真角度而言, 飞行器探测的主要目的是用数值方法和仿真软件来计算经飞行器散射的电磁波. 这类问题的应用场景有两个典型特征:

(1) 散射电磁波的传播区域是飞行器外面的无穷远区域, 而实际计算只能处理包含飞行器的有界区域;

(2) 电磁波的传播介质 (空气) 可以近似看作均匀的绝缘介质, 电导率 $\sigma = 0$.

基于上述场景, 描述电磁散射问题的时谐麦克斯韦方程组具有如下形式

$$\mathrm{i}\omega\varepsilon\boldsymbol{e} - \operatorname{\mathbf{curl}}\boldsymbol{h} = 0, \quad \mathrm{i}\omega\mu\boldsymbol{h} + \operatorname{\mathbf{curl}}\boldsymbol{e} = 0 \quad \text{在外区域 } \mathbb{R}^3\backslash D.$$

这里 D 为飞行器所占据的区域. 消去磁场 $\boldsymbol{h}$, 可以得到电场满足的方程

$$\operatorname{\mathbf{curl}}\operatorname{\mathbf{curl}}\boldsymbol{e} - k^2\boldsymbol{e} = 0 \qquad \text{在外区域 } \mathbb{R}^3\backslash D, \tag{13}$$

$$\boldsymbol{e} \times \boldsymbol{n} = \boldsymbol{g} \qquad \text{在 } \partial D \text{ 上}, \tag{14}$$

其中 $k = \omega\sqrt{\mu\varepsilon}$, $\boldsymbol{g} = \boldsymbol{n} \times \boldsymbol{e}^{\mathrm{inc}}$ 为由入射电磁波确定的边界条件. 这个问题的可解性还要求散射波在无穷远处满足如下形式的辐射条件 (radiation condition):

$$\lim_{r\to\infty} r \left| \operatorname{\mathbf{curl}}\boldsymbol{e} \times \hat{\boldsymbol{x}} - \mathrm{i}k\boldsymbol{e} \right| = 0, \tag{15}$$

其中 $r = |\boldsymbol{x}|$, $\hat{\boldsymbol{x}} = \boldsymbol{x}/r$ 为单位方向向量. 上述辐射条件表示散射波由 D 向无穷远传播, 而非由远处向 D 传播.

散射问题辐射条件的概念是由阿诺德·索末菲 (Arnold Sommerfeld) 在 1912 年提出的[11], 最初是针对声波散射问题, 后来这一条件又被逐渐推广到电磁波散射问题和弹性波散射问题. 索末菲是德国著名物理学家, 他的主要贡献是原子结构及原子光谱理论的研究. 在解释氢原子轨道运动时, 他借鉴开普勒轨道运动的思想, 引入了椭圆运动的概念. 他还引入了轨道的空间量子化等概念, 成功地解释了氢原子光谱和重元素 X 射线谱的精细结构以及正常塞曼效应.

不过, 坊间关于索末菲最广为流传的故事, 是他本人未获得诺贝尔奖, 但教出的学生中有 7 人获得诺贝尔奖, 分别是: von Laue (1914 年物理学奖)、Heisenberg (1932 年物理学奖)、Debye (1936 年化学奖)、Rabi

(1944 年物理学奖)、Pauli (1945 年物理学奖)、Pauling (1954 年化学奖) 以及 Bethe (1967 年物理学奖).

如前所述, 电磁散射问题的数值计算需要将无界区域 $\mathbb{R}^3 \backslash D$ 截断成一个有界区域, 并在截断边界上施加合适的边界条件. 这种边界条件需要满足两个要求:

(1) "充分" 逼近辐射条件 (15);

(2) 计算简单且计算量小.

1994 年, 法国物理学家 Jean Pierre Bérenger 在求解二维时变电磁波问题时, 提出了一种 "完美匹配层 (PML)" 方法, 其思想是在感兴趣的电磁场区域 (如图 12 中的白色区域) 外面构造一层 "人工波吸收介质"(图 12 中的黄色区域), 使得向外传播的电磁波进入 "波吸收介质" 后以指数的速度衰减, 但感兴趣区域内的电磁场保持不变. 同一年, 华人计算电磁学专家、美国工程院院士周永祖 (Weng Cho Chew) 及合作者发现, Bérenger 的 PML 方法应用到时谐麦克斯韦方程时, 可以通过对坐标变量进行复数伸缩变换来实现[14]. 1996 年, Bérenger 又提出了求解三维时变麦克斯韦方程的 PML 方法[13]. PML 方法简单易行且精度高, 在工程界和计算数学界非常受欢迎, 目前已成为处理无界散射问题截断边界条件的主要方法.

如图 12 所示, 散射波在黄色区域内迅速衰减, 我们可以取半径为 R 的球面 Γ_R 作为截断边界, 并在 Γ_R 上对散射波施加零边界条件. 这样无界区域问题 (13)—(15) 就转化成一个有界区域 Ω_R (黄色区域和白色区域的并) 上的偏微分方程边值问题, 可以利用有限元方法、有限体积方法等数值方法求解.

为了简单起见, 我们用一维 Helmholtz 方程来说明散射解在 PML 内的指数衰减性. 考虑半无界区域 $(0, +\infty)$ 内的 Helmholtz 方程散射问题

$$\begin{cases} u'' + k^2 u = 0 & \text{在 } (0, +\infty) \text{ 内部,} \\ u(0) = 1 & \text{且} \quad u \text{ 为向右 (外) 传播的波.} \end{cases} \tag{16}$$

显然, 上述二阶常微分方程的通解可以表示为

$$u(x) = c_1 \mathrm{e}^{\mathrm{i}kx} + c_2 \mathrm{e}^{-\mathrm{i}kx}.$$

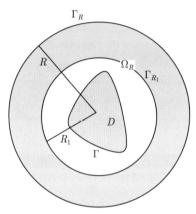

图 12   电磁散射问题的截断边界和完美匹配层

等式右端第一项代表向右传播的波, 第二项代表向左传播的波. 根据 (16) 中的右行波条件, 散射解中不包含第二项. 再利用边界条件 $u(0) = 1$, 容易发现该一维散射问题的精确解为

$$u(x) = \mathrm{e}^{\mathrm{i}kx}.$$

假设我们对 $(0, 1]$ 区间内的散射场感兴趣, 并在区域 $(1, +\infty)$ 内构造人工波吸收材料. 这可以通过复数坐标拉伸来实现

$$\tilde{x} := x \quad 若\ 0 < x \leqslant 1; \qquad \tilde{x} := x + \mathrm{i}(x-1)^2 \quad 若\ x > 1.$$

定义拉伸后的散射解为 $u(\tilde{x}) = \mathrm{e}^{\mathrm{i}k\tilde{x}}$. 显然该函数在 $(0, 1]$ 内保持原形式不变, 但在 $(1, +\infty)$ 内指数衰减, 即

$$u(\tilde{x}) = u(x) \quad 若\ 0 < x \leqslant 1; \qquad |u(\tilde{x})| = \mathrm{e}^{-k(x-1)^2} \quad 若\ x > 1.$$

这说明我们的确可以通过复数坐标拉伸来构造一层假想介质, 使得散射波进入这种介质后以指数速度衰减.

数值求解散射问题的时候, 我们仍然需要以实坐标作为变量. 注意到拉伸后的微分方程、复坐标变换的导数分别具有如下形式

$$\frac{\mathrm{d}^2 u(\tilde{x})}{\mathrm{d}\tilde{x}^2} + k^2 u(\tilde{x}) = 0, \quad \alpha(x) = \frac{\mathrm{d}\tilde{x}}{\mathrm{d}x} = \begin{cases} 1, & 0 < x \leqslant 1, \\ 1 + 2\mathrm{i}(x-1), & x > 1. \end{cases}$$

利用链式求导法则, 变换后的散射解 $\tilde{u}(x) := u(\tilde{x})$ 满足二阶变系数微分方程

$$\frac{\mathrm{d}}{\mathrm{d}x}\Big(\alpha^{-1}\frac{\mathrm{d}\tilde{u}}{\mathrm{d}x}\Big) + k^2 \alpha \tilde{u} = 0 \quad 在 (0, +\infty) 内部.$$

令 R 远远大于 1 并取截断区域为 $(0, R)$. 由于 $|\tilde{u}(R)| = e^{-k(R-1)^2}$ 非常小, 我们可以定义散射问题 (16) 在有界区域 $(0, R)$ 上的近似问题如下

$$\frac{\mathrm{d}}{\mathrm{d}x}\Big(\alpha^{-1}\frac{\mathrm{d}\hat{u}}{\mathrm{d}x}\Big) + k^2 \alpha \hat{u} = 0 \quad 在 (0, R) 内部, \qquad \hat{u}(0) = 1, \qquad \hat{u}(R) = 0.$$

尽管上述推导是针对一维问题, 高维声波散射、电磁波散射、弹性波散射的 PML 近似也可以类似得到. 将 PML 方法和偏微分方程的数值求解方法结合, 可以得到散射问题的高效求解算法.

4.5 静电场问题

现在我们讨论 "小火花" 问题, 也就是静电场问题的应用和数值仿真. 手机的处理器芯片是一个超大规模的集成电路, 在厘米级的空间范围内, 多层分布的金属互连线将数十亿个半导体晶体管器件连接起来. 芯片工作时, 互连线是带电导体, 相互之间会发生感应现象, 产生寄生电容、电感等, 进而对电路的时延、功耗和信号完整性产生影响, 设计不当甚至会使芯片失效. 因此, 设计芯片时需要对导线之间的电磁效应进行数值仿真, 计算出寄生电容、电阻, 将一个物理设计版图转化为电路 (如图 13), 然后再进行电路分析. 无论是防范 "静电" 带来的问题, 还是设计复杂的电容触摸屏、芯片等, 都需要对静电场进行定量的计算和分析.

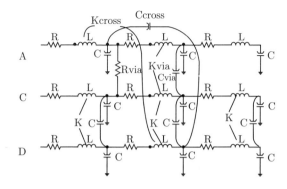

图 13　芯片互连线寄生参数提取

对于静电场问题, 直接求解原始麦克斯韦方程组的计算量太大, 也没有必要, 恰当的做法是利用问题本身的特点对数学模型进行合理简化. 静电场指的是电荷量在所选的观察坐标系内不随时间发生变化, 电场由相对静止的电荷产生. 由 (8) 中的法拉第定律方程可以得到 $\mathbf{curl}\,\boldsymbol{E} = 0$, 即电场为无旋场, 也就是有势场. 从而存在一个标量电势 ϕ, 使得

$$\boldsymbol{E} = -\nabla\phi. \tag{17}$$

将 (17) 代入到电高斯定律并结合本构方程 $\boldsymbol{D} = \varepsilon\boldsymbol{E}$, 可以得到

$$-\operatorname{div}(\varepsilon\nabla\phi) = \rho. \tag{18}$$

这就是静电势的泊松方程. 在数学上, (18) 还需要有适当的边界条件才能确定方程的唯一解. 边界条件一般是根据具体的应用问题而设定的.

我们以电容寄生参数提取为例做简要说明. 考虑二维平面中两根相互靠近的直导线之间的静电场问题 (如图 14 左), 需要计算导线周围空间中的电势分布. 由于导体是等势体 (即单个导体表面的电势值相等), 令两根导线 D 上的电势均为 V_0. 根据库仑定律, 我们可以取无穷远处的电势值为零. 从而互连线寄生参数提取的数学模型可以描述如下:

$$\begin{cases} -\operatorname{div}(\varepsilon\nabla\phi) = \rho & \text{在 } \Omega \text{ 内部,} \\ \phi = V_0 & \text{在 } \partial D \text{ 上,} \\ \lim_{r=|\boldsymbol{x}|\to\infty} \phi(\boldsymbol{x}) = 0. & \end{cases} \tag{19}$$

这里 ε 为空气的介电常数, ∂D 为两根导线的边界, $\Omega = \mathbb{R}^2 \backslash \bar{D}$ 为导线 D 外面的无界区域, ρ 为外区域中的电荷密度.

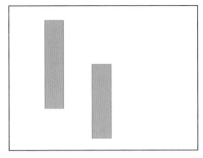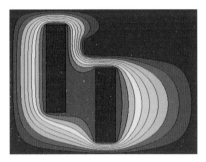

图 14　左: 两根导线计算区域示意图; 右: 有限元方法计算的电场分布图

一般情况下, 问题 (19) 是无法求得解析解的, 需要借助合适的计算方法得到数值解. 该问题的数值计算方法已有很多研究, 包括有限元方法、有限差分方法、边界元方法等[15]. 我们这里采用有限元方法计算问题 (19) 的近似解 ϕ_h, 下面简要叙述一下计算过程和计算结果.

由于电势 $\phi(\boldsymbol{x})$ 随 $|\boldsymbol{x}|$ 增大而衰减至零, 我们可以取一个充分大的矩形区域 B 将无界区域 Ω 截断, 使得 $D \subset B$ 且 ρ 在 B 的外面恒为零. 则问题 (19) 在有界区域 $\hat{\Omega} := B \cap \Omega$ 上的近似问题为

$$\begin{cases} -\operatorname{div}(\varepsilon \nabla \hat{\phi}) = \rho & \text{在 } \hat{\Omega} \text{ 内部,} \\ \hat{\phi} = V_0 & \text{在 } \partial D \text{ 上,} \\ \hat{\phi} = 0 & \text{在 } \partial B \text{ 上.} \end{cases} \tag{20}$$

这样, 我们可以方便地利用有限元方法求解有界区域上的偏微分方程边值问题 (20)[16].

图 14 (右) 显示了静电势问题有限元近似解 ϕ_h 的等值线分布, 图中越接近蓝色代表电势值越接近 0, 越红代表电势值越大. 我们还可以对数值解 ϕ_h 从数学上进行严格的理论分析, 得到真实解和近似解的误差估计 $|\phi - \phi_h|$. 通过数值解, 能够高精度地获得电势 (以及电场) 在器件工作环境下的信息, 得到器件的相关运行参数.

4.6 结束语

麦克斯韦方程组作为表述电磁理论的数学模型，在三个特征吸引着科研工作者和科学爱好者，并成为它的粉丝：

(1) 麦克斯韦方程组在跨越很大的空间尺度上仍然是正确的，它既可以描述数千千米尺度上的电磁现象，也可以描述纳米尺度上的电磁现象.

(2) 麦克斯韦方程组具有非常简洁、漂亮的数学形式，尤其是具有简洁的几何结构.

(3) 计算电磁学是一个多学科交叉的领域. 由于麦克斯韦方程组在跨越很大的时间、空间尺度上成立，电磁学几乎可以和所有学科进行交叉. 针对不同的应用问题，电磁学可以和数学、力学、固体物理学、生物学、计算机科学等深度交叉，研究课题丰富多彩，应用领域非常广泛.

电磁学是我们生活和工作中接触最多的一门学科，很多有趣的电磁现象或小问题既给我们带来惊喜，有时也会带来一些小困扰. 运用数学知识去理解这些电磁现象，不但可以愉悦心情，也可以减少对一些电磁现象的误解.

作者在写作过程中，难免有疏漏和理解不到之处，敬请谅解.

致谢：本文在写作过程中，主编席南华院士多次提出宝贵修改意见，并仔细阅读本文，在此致以衷心感谢.

参考文献

[1] Maxwell J C. On Faraday's lines of force. Scientific Papers of J. C. Maxwell, Vol. 1, Cambridge, 1890: 155-229.

[2] Maxwell J C. On physical lines of force. Scientific Papers of J. C. Maxwell, Vol. 1, Cambridge, 1890: 451-513.

[3]　Maxwell J C. A dynamical theory of the electromagnetic field. Scientific Papers of J. C. Maxwell, Vol. 1, Cambridge, 1890: 526-597.

[4]　Everitt F. James Clerk Maxwell: a force for physics. Physics World: History (Feature). https://physicsworld.com/a/james-clerk-maxwell-a-force-for-physics/.

[5]　郭奕玲, 沈慧君. 物理学史. 3 版. 北京: 清华大学出版社, 2005.

[6]　王稼军. 麦克斯韦建立电磁场理论的三篇论文. 物理与工程, 2005: 2: 36-40.

[7]　Panescu D, Whayne J G, Fleischman S D, Mirotznik M S, Swanson D K, Webster J G. Three-dimensional finite element analysis of current density and temperature distributions during radio-frequency ablation. IEEE Transactions on Biomedical Engineering, 1995, 42(9): 879-890.

[8]　史俊, 马青, 王骥. 血液介质介电常数的有限元计算. 2009 年全国压电和声波理论及器件技术研讨会暨 2009 年全国频率控制技术年会论文集: 595-598.

[9]　Cheng Z, Takahashi N, Forghani B. TEAM problem 21 family (V.2009). International Compumag Society at Compumag 2009, http://www.compumag.org/jsite/team.

[10]　Cui T, Jiang X, Zheng W. FEMAG: A high performance parallel finite element toolbox for electromagnetic computations. International Journal of Energy and Power Engineering, 2016, 5: 57-64.

[11]　Sommerfeld A. Die Greesche Funktion der Schwingungsgleichung. Jber. Deutsch. Math. Verein., 1912, 21: 309-353.

[12]　Bérenger J P. A perfectly matched layer for the absorption of electromagnetic waves. Journal of Computational Physics, 1994, 114: 185-200.

[13]　Bérenger J P. Three-dimensional perfectly matched layer for the absorption of electromagnetic waves. Journal of Computational Physics, 1996, 127: 363-379.

[14]　Chew W C, Weedon W H. A 3D perfectly matched medium from modified maxwell's equations with stretched coordinates. Microwave Opt. Technol. Lett., 1994, 7: 599-604.

[15]　喻文健, 王泽毅. 三维 VLSI 互连寄生电容提取的研究进展. 计算机辅助设计与图形学学报, 2003, 15(1): 21-28.

[16]   Chen G, Zhu H, Cui T, Chen Z, Zeng X, Cai W. ParAFEMCap: A parallel adaptive finite element method for 3D VLSI Interconnect Capacitance Extraction. IEEE Transaction on Microwave Theory and Techniques, 2012, 60(2): 218-231.

5 最短距离中的一些数学问题

胡晓东

两点间的距离直线最短, 这是人们都知道的事情, 也是广泛应用的一个数学知识. 比如, 当我们旅行的时候, 都是尽可能走直线以便走过的路径长度最短.

在一般的情况下, 计算最短距离是很复杂的. 如果是在一个三维物体的表面上找出两个点的最短距离, 这时最短距离的那条线称为测地线, 这个概念来自大地测量学, 它在曲面上, 不是直线. 然而, 即使在平面上, 给了多个点, 要找一个点, 使得它与给定的点的距离之和最小 (即总距离最短), 也不是一个简单的问题; 而如何将任意给定的有限多个点连接起来形成一个连通的网络, 并使得连线长度之和最小, 这个最短网络问题的求解更绝非易事.

本文我们不去谈测地线的问题, 虽然它在微分几何中发挥着重要作用, 也有广泛的实际应用, 而是讨论上面的最短网络问题, 它是众多离散优化问题中的一种. 这类问题主要研究求解变量具有离散特征及组合性质, 可行解集是有限集或无限可数集的优化问题的理论和算法. 其他经典的离散优化问题包括: 理论计算机科学中的布尔逻辑表达式可满足问题、图论中的染色问题和运筹学中的旅行商问题等等.

最短网络问题与交通和通信网络设计、芯片布线设计、服务设施选址等问题密切相关. 它在科学技术与工程及生活中有着重要和广泛的应用, 所涉及的数学理论和计算复杂性也是当今数学的一个十分受关注的研究课题.

我们将回顾最短网络问题的研究历史 [2] 和现状, 介绍离散优化的基本研究方法, 并讲解数学自身的不断完善和科学技术的持续进步的相互影响, 是如何推动离散数学与理论计算机科学的发展, 逐渐使其成为现代数学的一个中心领域.

5.1 费马-托里拆利问题

1638 年法国哲学家、数学家、解析几何之父笛卡儿 (R. Descartes, 1596—1650) 建议法国业余数学家费马 (P. de Fermat, 1601—1665) 研究如下问题: 给定平面上的 4 个点 p_1, p_2, p_3 和 p_4, 一个常数 c, 求满足如下等式的曲线

$$||p_1 - x|| + ||p_2 - x|| + ||p_3 - x|| + ||p_4 - x|| = c,$$

其中, x 是变量, $||a - b||$ 表示平面上 a 与 b 两点之间的欧氏距离.

众所周知, 如果只考虑一个点, 那么相应的曲线是圆; 如果只考虑二个点, 那么相应的曲线是椭圆. 见图 1.

上述笛卡儿问题的一般形式讹称为斯坦纳-韦伯问题 (J. Steiner, 1796—1863; H. Weber, 1842—1913): 任意给定欧氏空间中的 n 个点 p_1, p_2, $\cdots$, p_n 和 n 个数 $w_1, w_2, \cdots, w_n$, 其中 $n \geqslant 3$, 求一个点 x_0 使得如下函数在 x_0 处达到最小值:

$$f(x) = w_1||p_1 - x|| + w_2||p_2 - x|| + \cdots + w_n||p_n - x||.$$

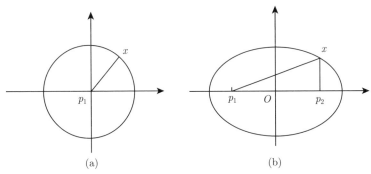

图 1 (a) $||p_1 - x|| = c$. (b) $||p_1 - x|| + ||p_2 - x|| = c$

实际上, 该问题也可以视为 "选址问题" 的一种基本模型: 一个城市有 n 个小区, 每个小区 p_i 有不同人数 w_i 的居民, 选择一个地点 x_0 开设超市使得所有居民到超市的距离之和最小.

受笛卡儿建议的启发, 1643 年费马研究了如下问题: 给定欧氏平面上不共线的 3 个点 p, q 和 r, 求一个点 x 将它们连接起来, 使得所用连线的长度之和最小? 费马这个问题的解有如下两种情形, 见图 2.

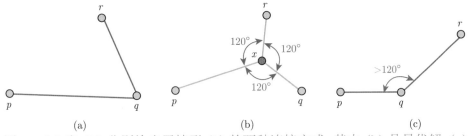

图 2 (a) 和 (b) 分别给出了情形 (1) 的两种连接方式, 其中 (b) 是最优解, (a) 不是最优解, 它没有引入额外的点. (c) 是情形 (2) 的最优解

情形 (1): 给定的三个点形成的三角形 $\triangle pqr$ 的每一个内角都小于 $120°$.

情形 (2): 给定的三个点形成的三角形 $\triangle pqr$ 的一个内角大于 $120°$.

针对情形 (1), 意大利物理学家和数学家伽利略 (Galileo di V. B. de Galilei, 1564—1642) 的学生和晚年的助手托里拆利 (E. Torricelli, 1608—1647) 给出了确定点 x 的尺规作图方法: 首先, 以三角形 $\triangle pqr$ 的三条边分别做外接正三角形, △qru,△rpv 和 △pqw. 然后, 分别连接 p 与 u, q 与 v, r 与 w, 三条线交于一点, 该点即为所要求的点 x, 后被称作费马-托里拆利点, 费马提出的这个问题后被称作费马-托里拆利问题 (图 3).

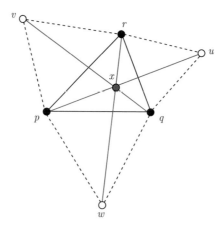

图 3   托里拆利尺规作图法

1750 年英国数学家辛普森 (T. Simpson, 1710—1761) 也给出了同样的解法, 三条线 pu, qv 和 rw, 后被称作辛普森线. 1647 年意大利数学家卡瓦列里 (F. B. Cavalieri, 1598—1647) 指出三个角 $\angle pxq$, $\angle qxr$ 和 $\angle rxp$ 皆为 120°. 此外, 他还给出了情形 (2) 的解, 三角形 △pqr 三条边中形成钝角的两条边即为最短网络, 即图 2(c).

1811 年法国数学家和逻辑学家、近代射影几何与代数几何的创始人之一热尔岗 (J. D. Gergonne, 1771—1859) 研究了 11 个与费马-托里拆利问题相关的几何问题. 他将成果发表在他自己 1810 年创办的第一个专业性数学杂志《纯粹与应用数学年刊》(*Annales de mathématiques pureset appliquées*, 亦称《热尔岗年刊》(*Annales de Gergonne*)) 上.

热尔岗在表述费马-托里拆利问题时用的是工程师的语言: 如何用直线构建不在一条直线上的三个城市的连通网络, 并使得直线长度之和最小. 他讨论了该问题的一般形式: 所求的一个点 x, 不是仅仅连接三个城市, 可以是连接任意多个城市, 它们可以在任意一个空间中. 进而他提出并讨论了最短网络问题: 给定 n 个城市在平面上的位置, 如何构建一个水道网络将它们连接起来, 并使得水道的总长度最短. 这里在构建最短网络时, 不一定仅仅需要引入一个点, 而是有可能需要引入更多点. 他论证了引入点一定是 3 条直线段的交点, 并且它们之间形成的夹角一定都是 120°. 他特别地分别研究了 $n = 4, 5, 6$ 的最短网络的结构, 以及如何用迭代的方式构造它们 (图 4).

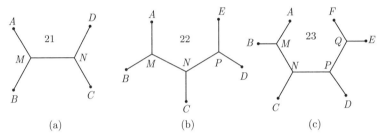

图 4　热尔岗文章中的图示 [2], 其中 A, B, C, D, E 和 F 都是给定的点 (代表城市), M, N, P 和 Q 都是引入的点, 在每个引入点处的三个角都是 120°

　　热尔岗在研究中假设求解该问题只要考虑给定的 n 个城市位置点恰好是凸 n 边形的 n 个顶点, 不过, 这个假设实际上不一定总成立, 见图 5. 他还明确地指出, 其构造方法可能得到的是局部最短网络, 而不是全局最短网络.

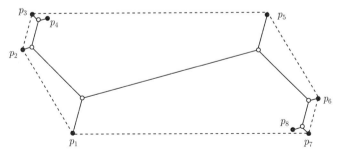

图 5　给定 8 个点 $p_1, p_2, \cdots, p_8$ 的凸包是一个凸 6 边形, 其中 p_4 和 p_8 并不是凸 6 边形的顶点 [2]

除此之外, 热尔岗还讨论了费马-托里拆利问题的若干拓展形式, 比如: 如何建造两座桥将给定的两条直线型水道和一座城市连接起来使得建造长度最小.

5.2 四点最短网络问题

在 19 世纪 60 年代, 德国数学家、物理学家、天文学家和大地测量学家高斯 (C. F. Gauss, 1777—1855) 与德裔丹麦籍天文学家舒马赫 (H. C. Schumacher, 1780—1850) 之间的一些往来信件先后被公开.

舒马赫在 1836 年 3 月 19 日写给高斯的一封信中, 请教了有关 4 个点的费马-托里拆利问题的一个 "悖论": 如果平面上 4 个点 a, b, c 和 d 构成一个凸四边形, 那么这个四边形两条对角线的交叉点 x 连接 4 个点的距离之和最短 (见图 6(a)). 当将点 d 移向点 c 时, 点 x 也将趋向于点 c (见图 6(b)). 然而, 此时 3 个点 a, b 和 $c = d$ 的费马-托里拆利点是点 x (见图 6(c)). 高斯在 1836 年 3 月 21 日的回信中针对舒马赫的 "悖论" 给出了解释: 4 个点的费马-托里拆利问题的解并不是一个点, 而是两个点 x_1 和 x_2 (见图 6(d)). 当将点 d 移向点 c 时, 点 x_2 也将趋向于点 c, 而点 x_1 并没趋向于点 c (见图 6(c)).

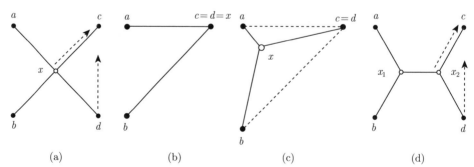

(a)　　　　　　(b)　　　　　　(c)　　　　　　(d)

图 6　(a) 点 x 到 4 个点 a, b, c 和 d 的距离之和最短. (b) 当点 d 趋向于点 c 时, 点 x 也会趋向于点 c. (c) 3 个点 a, b 和 c 的费马-托里拆利问题的最优解. (d) 4 个点的费马-托里拆利问题的最优解

高斯写道:"要求出平面上连接 4 个点的最短网络,需要考虑几种不同的情形. 关于这个相当有趣的数学问题,我并不感到陌生. 我曾经考虑过,如何用最短的铁路将这四座城市汉堡、不莱梅、汉诺威和不伦瑞克连接起来. 我个人觉得,对于我们的学生来说,这能作为一个非常好的悬赏征解问题. 图 7 给出了不同情形的最短网络结构,其中在第三个图示中,点 c 与 d 应该直接相连. 然而,今天没有时间了,就到此为止吧."

图 7　高斯给舒马赫的回信片段 [2]

非常有意思的是,高斯在 1836 年给舒马赫的回信中,他是借助建造铁路来解释他的想法,而当时德国只有一条连接纽伦堡和富尔特的铁路,而他所在的哥廷根是在 1854 年才通了第一条铁路. 因而,后来人们推测应该是高斯的儿子 J. Gauss (1806—1873) 曾求教于他,因为他儿子任职过汉诺威的铁路系统主管.

1836 年高斯和舒马赫通信以后,他们两人就都没有再研究过费马-托里拆利问题或者最短网络问题. 另外,人们推测高斯并不了解热尔岗在这个问题上的结果,不过,舒马赫应该是了解的,他在热尔岗主办的期刊上发表过文章. 可以想象,假如高斯多花一些时间对这个问题做一些深入研究,也许他能给出求解 4 个点的最短网络问题的尺规作图法,毕竟在 1796 年, 19 岁的高斯作为哥廷根大学大二学生给出了用尺规 17 等分圆周的方法,从而解决了两千年来悬而未决的数学难题. 1801 年,高斯进一步证明:如果 k 是质数的费马数 $2^{2^n}+1$ (比如, 3, 5, 17, 257, 65537),那么就可以用尺规将圆周 k 等分 (图 8).

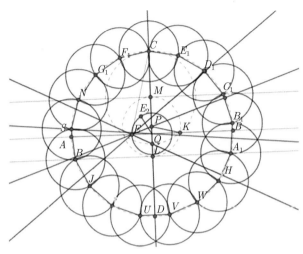

图 8　高斯用尺规 17 等分圆周的方法 [转自互联网]

5.3 多点最短网络问题

1879 年在法兰克福一所高中任教的德国数学家波普 (K. Bopp, 1856—1905) 发表了一篇文章, 系统地研究了 4 个点的最短网络问题. 他的研究是受到高斯给舒马赫回信中提到的问题的启发. 在文章中他给出了 4 个点最短网络的三种可能的拓扑结构 (点线的连接方式). 他主要研究了给定的 4 个点构成一个凸四边形的情形. 他证明, 如果额外引入的两个点 x_1 和 x_2, 它们分别是三条直线段的端点, 且三条直线形成的夹角都是 120°, 那么这样的网络是一个相对最短网络. 他采用的几何证明方法是以意大利数学家和物理学家维维亚尼 (V. Viviani, 1622—1703) 命名的定理为基础, 即等边三角形内的一点到三条边的距离之和是一个常数. 不过, 波普误将这个定理归于瑞士几何学家斯坦纳 (J. Steiner, 1796—1843). 波普还给出了一个构造四个点 a, b, c 和 d 的连通网络的方法 (见图 9): 首先, 分别以 ab 和 cd 为边做等边三角形 $\triangle abf$ 和 $\triangle cdg$. 然后, 做两点 f 和 g 的连线. 最后, 分别做两个三角形的外接圆, 它们与线段 fg 的交点为 x_1 和 x_2. 波普的这个方法与热尔岗在 1810 年提出的方法类似.

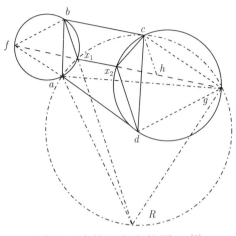

图 9 波普文章中的图示[2]

波普在文章的附录部分, 讨论了 n 个点的最短网络问题. 他证明, n 个点的最短网络有 $a_n = 1 \times 3 \times 5 \times \cdots \times (2n-7) \times (2n-5)$ 种可能的拓扑结构, 并且用数学归纳法证明, 最短网络有 $2n-3$ 条边构成. 此外, 他还给出了计算 n 个点最短网络的一个框架, 首先用尺规作图画出所有 $a_n = 1 \times 3 \times 5 \times \cdots \times (2n-7) \times (2n-5)$ 种可能的网络, 然后再从中找出最短的一个. 波普试图刻画 5 个点的最短网络的拓扑结构. 不过, 他指出, 要考虑的情形多得难以想象. 值得一提的是, 波普在最后的注记中提到了 3-维空间上的最短网络问题. 他论证了, 当三条直线段交于一个额外点时, 它们一定在同一个平面上, 且三条直线段在该点处形成的两两之间夹角皆为 $120°$.

1890 年霍夫曼 (E. J. Hoffmann, 1858—1923) 也发表了一篇有关 4 个点的最短网络问题. 与波普一样, 他的研究同样是受到高斯给舒马赫的回信的启发, 并提到他在论文完成之际, 得知了波普的研究工作. 他在论文中不太严格地说明, n 个点的最短网络的拓扑结构最多会用到额外的 $n-2$ 个点, 他给出了构造 6 个点的最短网络的方法, 这个方法类似于热尔岗和波普的方法. 他意识到, 随着 n 的增大, n 个点的最短网络可能的拓扑结构数目会快速增加. 同热尔岗和波普一样, 霍夫曼在研究中隐含地假设, 只有当给定的 n 个点构成一个凸 n 边形的时候, 这 n 个点的最短网络才恰好包含 $n-2$ 个额外的点. 实际上, 这个假设不一定总是成立的, 图 5 就是一个例子.

在霍夫曼的文章发表以后, 有关最短网络的研究停滞了四十多年, 直到 1934 年两位捷克数学家亚尔尼克 (V. Jarnik, 1897—1970) 和科斯勒 (M. Kossler, 1884—1961) 发表了有关最短网络问题的一篇论文. 他们的研究不仅仅限于欧氏平面, 而且涉及了更高维的欧氏空间. 不过, 他们似乎并不知道前人的相关研究工作和成果, 而且尽管他们在数论和分析学研究方面享有国际声誉, 他们自己在最短网络问题方面的工作在随后的 50 年也不为人所知, 其中的一个原因也许是, 他们是用捷克文发表的论文. 实际上, 在 1930 年亚尔尼克提出了求解最小生成树的图论算法. 这里最小生成树是将给任意定点连接起来使得连线长度之和最小, 且不允许引入额外的点. 图 2(a) 给出了一个 3 个点的最小生成树.

亚尔尼克和科斯勒给出了构造 n 个点形成全等凸 n 多边形的最短网络拓扑结构, 其中 $n = 2, 3, 4, 5$, 并且证明, 当 $n \geqslant 13$ 时, 最短网络不需要引入额外的点. 中国科学院应用数学研究所的堵丁柱与美国 AT&T 贝尔实验室的华裔数学家黄光明 (F. K. Hwang) 在 1987 年证明了这个结论当 $n = 7, 8, \cdots, 12$ 时也同样成立. 亚尔尼克和科斯勒的研究充分利用了高维空间的性质, 将 2-维的情形嵌入到了 3-维空间, 并证明 3-维空间的最优解也一定是相应 2-维空间的最优解. 他们还证明了每一个额外引入的点一定是三条直线段的公共端点, 且它们之间的夹角一定是 $120°$, 从而推广了波普在 3-维空间上的结果. 在具体分析了 n 比较小的最短网络以后, 他们认为 $n > 3$ 的情形太过复杂, 因而仅仅考虑了给定 n 个点构成一个凸 n 边形的情形.

1938 年法国数学家绍凯 (G. Choquet, 1915—2006) 发表了一篇拓展了的摘要. 他讨论了如何建造一个连接 n 个城市的道路网络, 使得道路的总长最短. 在他的大部分论证中, 都是讨论城市之间的道路连接

(不能引入额外的点). 在论文最后的讨论中, 他提到两条道路可以不在给定的 (城市) 点交汇, 此时, 交汇点一定是三条道路的相交点, 且两条道路的夹角是 120°. 另外, 他也得到了与亚尔尼克和科斯勒工作相同的结果, 在更高维空间中, 交汇点的边数仍然是 3, 且 3 条边都在一个平面上.

1941 年, 著名的德裔美国数学家柯朗 (R. Courant, 1888—1972) 和数学拓扑学家与统计学家罗宾 (H. Robbins, 1915—2001) 发表了名著《什么是数学——对思想和方法的基本研究》[4]. 柯朗 1907 年在哥廷根成为希尔伯特 (D. Hilbert, 1862—1943) 的助手, 是哥廷根学派的重要成员. 1929 年柯朗在哥廷根建数学研究所并任所长. 纳粹上台后柯朗流亡美国, 成为纽约大学教授, 并领导了应用数学小组, 后发展为数学和力学研究所 (1964 年改名为柯朗数学科学研究所).

《什么是数学——对思想和方法的基本研究》并不是一本数学专著, 而是一本面向大学生和有相当智力水平的非数学专业人士的科普读物, 两位作者用比较通俗的语言讲解了数学的体系和许多数学成果. 在该书的第七章 "最大与最小" 的第五节 "斯坦纳问题" 中, 他们首先讲述了 3 个点的费马-托里拆利问题, 如何构建一个连接 3 个村庄的道路系统, 使得道路总长最短. 不过, 他们将其来源归于瑞士几何学家斯坦纳 (J. Steiner, 1796—1843). 实际上, 斯坦纳对此问题并没有什么贡献. 人们推测, 这个差错只是缘于两位作者曾经读了收录于 1882 年出版的斯坦纳文集第二卷中的一篇短文. 在这个实际上是一个属于私人的手稿中, 斯坦纳讨论了费马-托里拆利问题, 但是他不仅没有给出任何参考文献, 而且还有几处错误. 颇为尴尬的是, 柯朗和罗宾在书中重复了其中一处错误. 有些奇怪的是, 尽管柯朗和罗宾并没有直接指出斯坦纳研究过这个问题, 但是他们却将此问题称为斯坦纳问题. 很显然, 他们不了解费马、托里拆利等以前的几何学家们在此问题上的研究工作和成果.

柯朗和罗宾在这一节中, 没有证明而是直接给出了最短网络的一些基本性质刻画: 额外引入的点不会超过 $n-2$ 个, 每一个额外引入的点是三条直线段的公共端点, 它们之间的夹角是 120°. 他们还以 4 个给定点为例子, 指出最短网络问题的解并不一定唯一. 见图 10.

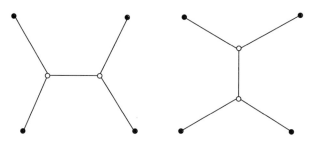

图 10　当给定的 4 个点构成一个正方形的顶点时, 最短网络问题有两个最优解

柯朗和罗宾在这一节的最后还讨论了多于 3 个点的费马-托里拆利问题. 不过, 他们觉得这样的推广不会产生什么有趣的新结果. 他们认为更有意思的推广应该是 "街道网络问题": 给定 n 个点, 如何构造一个由若干直线段组成的最短连通网络, 使得任意两个给定点可以用这些直线段构成的 "多边形相连" (这里疑为用直线段组成的路相连).

柯朗和罗宾在书中后续章节中, 两次提及 "斯坦纳问题". 一次是在第七章第 9 节, 将斯坦纳问题视为一个等周问题的极限情形; 另一次是在同一章的第 11 节, 证明该问题的局部最优解可以用肥皂膜确定, 即用的 n 个小棍儿垂直于两个玻璃片并将它们相连. 也许就是因为柯朗对利用肥皂膜研究极小曲面极其感兴趣, 他才对 "斯坦纳问题" 开始感兴趣. 在数学中, 极小曲面是指平均曲率为零的曲面. 例如, 满足某些约束条件的面积最小的曲面. 物理学中, 由最小化面积而得到的极小曲面的实例可以是沾了肥皂液后吹出的肥皂泡. 肥皂泡的极薄的表面薄膜是满足周边空气条件和肥皂泡吹制器形状的表面积最小的表面.

非常有意思的是, 1958 年米列 (W. Miehle) 用物理原理给出了一个解决三点费马-托里拆利问题的机械方法 (见图 11): 在一张木质平板的 3 个点 a, b 和 c 处, 各打一个小洞, 取三条绳子系在一点 t, 然后穿过小洞各挂同等质量砝码. 当这个系统平衡时, 三个砝码的势能之和应达到最小, 使得洞下面部分的绳子长度之和最大, 导致洞上面部分的绳子长度之和最小. 米列据此还建立了一个数值分析模型, 并比较了该机械模型、数学模型和柯朗肥皂膜方法的优点.

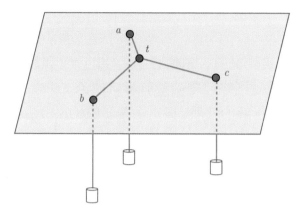

图 11 米列求解三点费马-托里拆利问题的物理方法

1959 年, 比尔德伍德 (J. Beardwood)、哈尔顿 (J. H. Halton) 和汉姆斯雷 (J. M. Hammersley) 发表了一篇非常著名的论文. 他们证明了在一个面积为 v 的有界平面上, 经过 n 个点的最短路径的长度, 当 $n \to \infty$ 时, "几乎总是" 与 $(nv)^{1/2}$ 成比例. 他们还证明了这个渐近界对 "斯坦纳街道网络问题" 的解也成立. 随后汉姆斯雷在 1961 年发表了一篇论文, 他在题目中用了 "斯坦纳网络问题". 自此以后, "街道" 就再没有与这个问题相关联了.

1961 年梅尔扎克 (Z. Melzak) 发表了一篇论文, 他在文中描述了一个求任意多点的最短网络问题的算法, 其想法与热尔岗的想法相似. 后来, 他的学生科克因 (E. J. Cockayne) 在 1967 年改进了他的算法, 并讨论了其他度量空间上的情形. 值得一提的是, 梅尔扎克在此问题上的研究是受到贝尔实验室的两位数学家普里姆 (R. C. Prim, 1921—2009) 和吉尔伯特 (E. N. Gilbert, 1923—2013) 的研究工作影响, 其中普里姆在 1957 年提出了求解最小生成树的另外一个著名的图论算法.

1966 年美国 IBM 沃森实验中心的数学家哈南 (M. Hanan) 发表了一篇非常有影响的论文. 他研究的是纵横平面 (rectilinear plane) 上的

最短网络问题, 此时连接两个点的直线或者沿水平方向或者沿垂直方向.

5.4 斯坦纳树问题

1968 年贝尔实验室的吉尔伯特 (E. Gilbert) 和泼拉克 (H. Pollak) 发表了一篇有关最短网络问题的最有影响的论文 [11]. 他们在文中系统地研究了该问题最优解的性质, 提出了著名的 GeoSteiner 算法. 该文为后来的学者研究最短网络问题, 特别是求解算法, 奠定了基础. 特别是, 该文中的很多术语被后来广泛沿用至今, 如斯坦纳最小树 (最短网络的拓扑结构一定是树状, 即没有点与线段形成的封闭回路)、斯坦纳点 (最短网络中额外引入的点) 和斯坦纳树问题. 实际上, 他们自己也清楚, 斯坦纳对最短网络问题的研究仅限于 3 个点的情形, 而这种基本模型其实是费马最早研究的. 不过, 因为他们觉得这个问题已经深深地贴上了斯坦纳的标签, 而且又没有更好的替代命名, 所以他们还是沿用了已有的命名.

在 20 世纪 70 年代, 理论计算机科学家对计算本质的研究, 特别是 P 问题类和 NP 问题类概念的提出产生了这个领域最重要的问题: P=NP?. 2000 年该问题被美国克雷数学所 (Clay Mathematics Institute) 列为七个新千禧年 (百万美元) 数学难题之一. 这里 P 问题是指在多项式时间内可以求解的问题; 如果一个问题的解可以在多项式时间内猜到, 并且在多项式时间内验证, 那么就称其为 NP 问题. P=NP? 问题可以大致地理解为一个问题的解可以在多项式时间内验证是否也可以在多项式时间内求得.

1972 年图灵奖获得者卡普 (R. M. Karp)[14] 研究了图上斯坦纳树问题: 给定一个连通图 $G(V, E)$ 及其顶点集 V 的一个子集 S, 每条边 $e \in E$ 都赋予一个值 $w(e)$, 称为权值, 用以表示边的长度. 求图 G 的一棵将 S 中所有顶点都连接起来的树 T, 使得树 T 上所有边的权值之和最小. 图 12(a) 给出了一个有 6 个顶点的图, $S = \{v_0, v_1, v_2, \cdots, v_5\}$,

(g) 给出最小斯坦纳树, 其中 $v_0 \notin S$, 它被称为斯坦纳点.

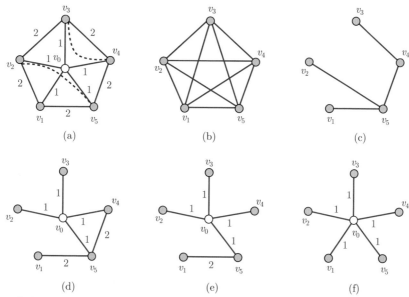

图 12 求解图上斯坦纳树问题的近似算法. (a) 问题的一个图例; (b) 构造一个辅助图, 其中的顶点是原来的顶点 $v_1, v_2, \cdots, v_5$, 两点之间的距离是它们在原图中的最短路的距离; (c) 求出辅助图的一棵最小生成树; (d) 将该树还原到原图, 其中有一个三个点 v_0, v_4 和 v_5 构成的圈; (e) 删除 v_4 和 v_5 之间的边, 得到一棵斯坦纳树; (f) 一棵最小斯坦纳树

卡普[14] 证明图上斯坦纳树问题是 NP-难的 (NP-hard). 这里称一个问题是 NP-难的, 如果任意一个 NP 都可以在多项式时间内归约到该问题. 对于任意一个 NP-难解问题, 如果能证明其存在多项式时间求解算法, 那么就证明了 P = NP. 理论计算机科学家们普遍认为 P ≠ NP, 因而可以认为 NP-难问题是 NP 问题类中最难求解的一些问题.

1977 年美国贝尔实验室的三位数学家加里 (M. R. Garey)、格雷厄姆 (R. L. Graham) 和约翰逊 (D. S. Johnson)[10] 证明了欧氏平面上的斯坦纳树问题也是 NP-难的.

至此可以看出, 美国贝尔实验室的数学家对斯坦纳树问题的研究情有独钟, 并且做出了非常重要的贡献. 除去上面提到几位研究人员, 还有华裔女数学家金芳蓉 (Fan Chung). 这实际上是与 1978 年泼拉克讲的一个有关美国电话电报公司 (AT&T) 的故事有关. 苏格兰裔美国发明家和企业家贝尔 (A. G. Bell, 1847—1922) 于 1877 年创建了美国贝尔电话公司. 1895 年贝尔公司将其正在开发的美国全国范围的长途业务项目分割, 建立了一家独立的公司, 称为美国电话电报公司 (AT&T). 1899 年 AT&T 整合了美国贝尔公司的业务和资产, 成为贝尔系统的母公司, 它也是美国长途电话技术的先行者和垄断者 (后被美国政府依据反垄断法分解).

AT&T 一直是按照最小生成树来给客户构建私家网络并收费 (如图 2(a)). 有一次有一个大客户向该公司提出了扩建私家网络的申请, 在原来 p, q 和 r 这三个城市的基础上再增加一个城市 x. 实际上, 该客户并不真的要将私家网络与这个虚拟处相连接, 它精心地选择了这个位置, 就是想通过 AT&T 的收费方法中的漏洞, 减少支出. 果然, AT&T 一核算下来, 相比构建原来的网络, 构建新网络 (如图 2(b)) 竟然收费不仅没有增加, 反而减少了. 很有可能是这一个令人困惑的事件, 促使贝尔实验室的数学家们对斯坦纳树问题进行深入的研究.

5.5 斯坦纳比问题

吉尔伯特和泼拉克在 1968 年的论文 [11] 中, 提出了如下猜想: 任意给定欧氏平面上 n 个点, 其最小斯坦纳树的长度与其最小生成树的长度之比不超过 $\sqrt{3}/2$. 后来这个比值被称作斯坦纳比 (Steiner ratio). 很容易验证, 当 3 个欧氏平面上的点形成一个等边三角形时, 这个比恰恰就是 $\sqrt{3}/2$.

上述猜想引起了许多数学家的极大兴趣, 其中包括时任贝尔实验室 (Bell Lab) 信息科学部主任的格雷厄姆 (1993—1994 年担任美国数学会主席) 和他的夫人金芳蓉 (曾任贝尔通信公司数学信息科学与运筹学部主任). 格雷厄姆曾经感叹道: "这问题已经公开了 22 年, 不能证明这

样初等的结论总是令人不安的." 仿照富有传奇色彩的数学家埃尔多斯
(P. Erdös, 1913—1996) 为自己特别感兴趣的数学难题设立奖金的做法,
格雷厄姆为解决该猜想设立了 500 美元的奖金. 通常解决了这些难题的
数学家是不会去兑现奖金支票的, 而是把它保存起来作为纪念. 毕竟, 数
学难题的意义和数学研究的价值是无法用金钱来度量的.

1976 年黄光明[12]证明在纵横平面上斯坦纳比为 2/3, 其证明的基
础是他给出的最小斯坦纳树拓扑结构的完整刻画 (见图 13). 同年, 黄
光明和格雷厄姆经过研究后提出猜想: 在 d-维纵横空间中斯坦纳比为
$d/(2d-1)$. 至今这个猜想还未被证明或者证伪[8].

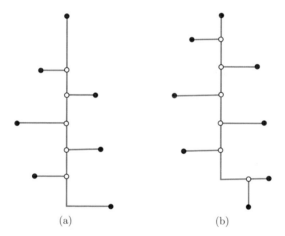

(a)   (b)

图 13   纵横平面上的两种最小斯坦纳树的基本拓扑结构

1980 年前后, 黄光明到中国科学院应用数学研究所访问讲学, 其间
他向该所的师生们介绍了包括斯坦纳比在内的许多离散优化的问题. 他
与当时还是研究生的堵丁柱合作解决了其中的几个问题. 1990 年堵丁
柱在普林斯顿高等研究院访问期间与黄光明合作证明了吉尔伯特和泼
拉克的猜想[7]. 他们证明的核心部分是一个关于求定义在单纯形上的
若干凹函数的最大最小值的定理. 他们首先将斯坦纳比问题转化为满足
这个新定理中函数条件的一个最大最小值问题, 然后确定关键的几何结
构, 最后验证在该结构上的函数性质.

吉尔伯特和泼拉克在 1968 年提出有关斯坦纳比猜想的同时, 他们还猜测: 在任意的欧氏空间中, 当给定的点构成正则单纯形时, 斯坦纳比是可以达到的. 这里单纯形是三角形和四面体的一种泛化, 一个 k 维欧氏空间中的单纯形是指包含 $k+1$ 个点的凸多面体. 不过这个猜测后来被否定了. 1976 年金芳蓉和吉尔伯特在正则单纯形上构造了一系列斯坦纳树, 它们的长度递减至 $\sqrt{3}/(4 - \sqrt{2})$. 尽管他们未能证明所构造的这些树是最小斯坦纳树, 但是给出猜想: 当 d 趋于无穷时, d-维空间上的斯坦纳比的极限应该就是 $\sqrt{3}/(4 - \sqrt{2})$. 至今这个猜想还未被证明或者证伪.

在吉尔伯特和泼拉克的猜想中, 只是在最后一步验证关键几何结构上函数性质时, 才用到了 2-维欧氏距离, 因而学者们便试图用最大最小值方法确定其他距离度量空间上斯坦纳比. 斯艾思利 (D. Cieslik) 在 1990 年和堵丁柱等在 1993 年分别提出如下猜想. 在任意闵可夫斯基平面 (2-维巴拿赫空间) 上的斯坦纳比: ① 等于其对偶空间上的斯坦纳比 (一个向量空间的对偶空间是定义其上的连续泛函构成); ② 在 2/3 和 3/2 之间. 1995 年堵丁柱和他的学生高飚同格雷厄姆一起证明了猜想 ② 部分中的下界 2/3, 而上界不超过 0.8766. 1997 年堵丁柱和他的学生万鹏俊同格雷厄姆一起证明了猜想 ① 部分对 3 点、4 点和 5 点情形都成立. 后来这个猜想被推广: 任意巴拿赫空间中的斯坦纳比等于其对偶空间上的斯坦纳比, 比值在 1/2 和 $\sqrt{3}/(2 - \sqrt{2})$ 之间.

更多有关斯坦纳比问题的研究可参阅 [8].

5.6 斯坦纳树问题的近似算法

在前面 5.4 节中我们提到, 斯坦纳树问题是 NP-难解的, 这意味着不太可能存在能求出该问题最优解的多项式时间算法, 除非 P=NP. 根据我们在 5.5 节中给出的斯坦纳比的定义, 以及存在求解最小生成树问题的多项式时间算法 (采用贪婪策略, 每次选择最短的边且不与已经选取的边形成回路), 我们可以将这个算法看作是求解斯坦纳树问题的一个近似算法, 其近似比等于斯坦纳比的倒数. 图 12 给出了一个求解图上斯坦纳树问题的近似算法, 它基于最小生成树, 近似比为 2, 由此可以证明图上的斯坦纳比是 1/2.

在相当长的一段时间里, 斯坦纳树问题是否存在比最小生成树算法更好的近似算法是一个重要的公开问题.

1992 年和 1993 年, 泽利科夫斯基 (A. Z. Zelikovsky)[16,17] 先后给出求解纵横平面上和图上斯坦纳树问题的近似算法, 它们的近似比分别为 11/8 和 11/6, 优于最小生成树算法的近似比 3/2 和 2. 一棵斯坦纳树 T 称为完全的, 如果所有给定的点都是 T 的叶子顶点. 任意一棵斯坦纳树都可以分解为若干个完全的斯坦纳树支, 一个完全的斯坦纳树支称为 k-点斯坦纳树支, 如果它的叶子顶点个数恰为 k. 一棵斯坦纳树称为 k-点斯坦纳树, 如果它可以分解为若干个 k-点斯坦纳树支. 泽利科夫斯基算法的主要思想是, 用多项式时间的贪婪算法构造一棵 3-点斯坦纳树, 将其作为最小斯坦纳树的近似解 (图 14).

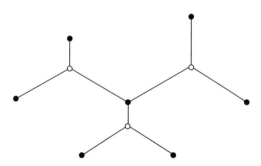

图 14　一棵由三个 3-点斯坦纳树支构成的斯坦纳树

1995 年, 阿罗拉 (S. Arora)[1] 和米切尔 (J. Mitchell)[15] 各自独立地提出了求解欧氏平面上几何优化问题的多项式时间近似方案, 亦即任给 $\varepsilon > 0$, 存在运行时间为 $n^{O(1/\varepsilon)}$ 的近似算法, 其输出解的目标函数值不会超过最优解目标函数值的 $(1 + \varepsilon)$ 倍, 这些几何优化问题包括旅行商问题、欧氏平面上斯坦纳树问题和纵横平面上斯坦纳树问题等等. 非常有意思的是, 阿罗拉的论文比米切尔的论文只早一个星期公开, 他们用的方法完全不同.

阿罗拉算法的主要步骤是采用递归划分. 在之前江涛等人 1994 年提出的划分方法中, 每一个单元的大小是固定的, 不依赖于一个区域中有多少个给定的点. 因而当给定的点比较均匀地分布在平面上时, 这种方法得到的解就比较接近最优解. 阿罗拉采用的一个关键技术是, 每一个大的单元彼此独立地被进一步划分成若干小单元, 如何划分与且只与单元内的给定点的数目和分布有关系.

米切尔算法的主要步骤是采用断切划分, 它是堵丁柱等人 1986 年在设计求解纵横平面上最小矩形划分问题的近似算法时提出来的. 该方法是递归地进行一系列划分, 其中的每一次划分将一个单元进一步划分成多个更小的划分. 米切尔对该方法进行了拓展, 引入了 m-断切划分的技巧.

5.7 斯坦纳树问题的应用与拓展

计算生物学中的一个重要研究课题是构建系统进化树. 早在 1967 年, 20 世纪最著名的遗传学家之一斯福扎 (L. L. Cavalli-Sforza, 1922—2018) 和统计学家与遗传学家爱德华兹 (A. W. F. Edwards) 曾经发表了一篇非常有影响的论文 [3]. 这两位意大利学者将斯坦纳树问题应用于进化树的构造中. 1982 年数学家福尔兹 (L. R. Foulds) 和格雷厄姆 (R. L. Graham) 提出基于斯坦纳树问题的一个系统进化树模型: 设 A 是一个字符集, d 表示 A^n 上的汉明距离 (Hamming distance), 即 $d((a_1, \cdots, a_n), (b_1, \cdots, b_n)) = |\{i | a_i \neq b_i, i = 1, \cdots, n\}|$. 给定度量空间 $[A^n; d]$ 上的一个点集 P, 求 P 的最小斯坦纳树 (图 15).

1966 年美国 IBM 沃森实验中心的数学家哈南 (M. Hanan) 在文章中就成功地预测到了纵横平面上的斯坦纳树模型在当时刚刚出现的印刷线路板技术中的应用. 而后这个模型又应用到大规模集成电路布线设

计中 (图 16).

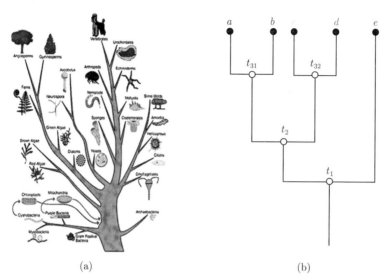

图 15　(a) 一棵物种进化树. (b) 一棵基于斯坦纳树模型进化树, 其中有 5 个物种 a, b, c, d 和 e, 4 个斯坦纳点 t_1, t_2, t_{31} 和 t_{32}, 分别表示在三个时间节点物种开始 进化为多个物种

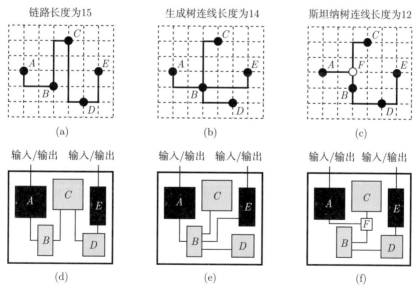

图 16　在布局设计中, 要将 5 个单元 A, B, C, D 和 E 连接起来. (a)—(c) 分别 给出三种连接方式; (d)—(f) 分别给出了相对应的布线方式

1974 年纳斯坦斯基 (L. Nastansky), 塞尔科夫 (S. M. Selkow) 和斯图尔特 (N. F. Stewart) 提出了纵横平面上的有向斯坦纳树问题. 该问题的一般形式如下: 设 $G(V, A)$ 为一个赋权有向图, 给定顶点集 V 中的一个点 r 和一个子集合 P. T 是一棵以 r 为根的连接 P 的有向斯坦纳树, 如果对于任意 $t \in P$, 在 T 上都存在一条从 r 到 t 的有向路. 目标是 T 含有的所有弧的长度之和最小.

1995 年 IBM 实验室数学家普利布兰克 (W. R. Pulleyblank) 研究了, 如何将 2 个斯坦纳树填充在一个芯片上使得任意两点之间的布线必须在固定的轨道上且任意一个轨道上的布线不能超过轨道的容量, 目标是使得布线的总长度最短.

2006 年笔者和尚松蒲研究了 λ-几何平面 (octilinear plane) 上最小斯坦纳树问题. 此时, 直线的方向有 4 个: 0°, 45°, 90° 和 135°. 主要探究 4 个方向布线可以比 2 个方向布线减少多少线长. 图 17 给出了 3 个点的示例.

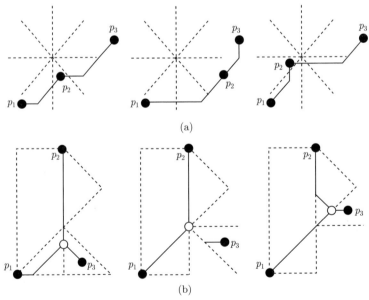

图 17　(a) 分别给出了三种情形下最小斯坦纳树 (此时不存在斯坦纳点); (b) 分别给出了另外三种情形下最小斯坦纳树 (此时存在斯坦纳点)

在波分复用 (wavelength division multiplexing) 光纤通信网络的设计中, 由于光信号强度在长距离的传输过程中会衰减, 因此两点之间光纤连线的长度不能超过一个常数, 否则就需要增设信号收发放大器, 这样两点之间长的连线就变成了若干节短线段相连. 由此便产生了两个斯坦纳树问题的拓展, 它们互为对偶关系: ① 给定欧氏平面上 n 个点和一个常数 $R > 0$, 构造一棵连接这些点的斯坦纳树 T 使得 T 中的每条边都不超过 R, 目标是 T 上斯坦纳点 (放大器) 的个数最少; ② 给定欧氏平面上 n 个点和一个整数 $k > 0$, 构造一棵连接这些点的斯坦纳树 T 使得 T 中的斯坦纳点 (放大器) 的个数不超过 k, 目标是 T 上最长边的长度最短.

尽管上面介绍的斯坦纳树是最短网络问题的一个最基本拓扑结构, 但是它在一些实际应用中, 不具有容错性, 一旦树上有一个点或者一条边因故失效, 就有可能导致其他点之间无法连通了. 1995 年笔者和华裔数学家许德标提出并研究了最小 k-连通斯坦纳网络问题: 给定平面上 n 个点, 求一个斯坦纳网络使得任意移除 $k - 1$ 条边或点后的网络还是连通的, 目标是网络连线的长度之和最小. 图 18 给出了 2-连通的示例.

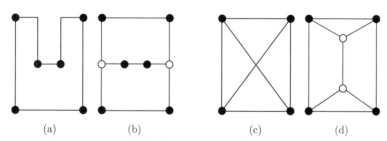

图 18　(a), (b) 和 (c), (d) 分别是纵横平面上的最小 2-连通生成网络和最小 2-连通斯坦纳网络

实际上, 除去上面介绍的这些最小斯坦纳树问题的应用或者拓展以外, 还有许许多多这方面的工作. 相关的离散优化问题几乎都是 NP-难解的, 因而人们研究的一个主要方法就是, 设计求解的近似算法并分析它们的近似比和运算时间. 有兴趣的读者可以参阅综述文章 [9]、专著

[5,13] 和教材 [6].

最短网络问题自费马 1643 年提出并开始研究, 至今已经过去大约 380 年了. 在这期间, 该问题的名称从最初的费马-托里拆利问题, 再到斯坦纳问题, 直到现今的斯坦纳树问题; 从欧氏平面上 3 点和 4 点的问题, 到高维欧氏空间上任意有限多个点的问题, 再到闵可夫斯基平面和巴拿赫空间的问题; 从对纯几何问题的兴趣开始, 再到交通网络的构建, 直到光纤通信网络、大规模集成电路、系统生物演化等领域的广泛应用; 研究的学者从费马和托里拆利开始, 到热尔岗和高斯, 再到贝尔实验室的数学家们和理论计算机科学家们; 研究的方法从尺规作图, 到肥皂膜, 再到近似算法的设计与分析. 我们从中可以发现如下三个特点.

(1) 一方面, 最短网络问题是一个非常容易描述和理解的数学问题, 其中最早的 3 点费马-托里拆利问题, 中学生都可以给出解答和证明. 而另一方面, 一般欧氏平面或者图上的最短网络问题又是众多 NP-难问题之一; 根据计算复杂性理论, 若能证明最短网络问题不存在多项式时间算法, 也就证明了 P$\neq$NP; 若能证明该问题存在多项式时间算法, 也就证明了 P$=$NP.

(2) 正如数学家韦伊 (A. Weil, 1906—1998) 曾经说的那样: "当一个数学分支不再引起除去其专家以外的任何人的兴趣时, 这分支就快要僵死了, 只有把它重新栽入生气勃勃的科学土壤之中才能挽救它." 一个好的数学问题和分支, 一定会引起许多数学家的研究兴趣; 它可以催生新的数学方法和理论, 以及在数学其他分支和科学技术与工程的广泛应用.

(3) 计算机的问世, 理论计算机科学的诞生, 特别是计算复杂性理论体系的建立, 不仅为解决许多数学问题提供了新的方法和手段, 也提出了许多新的数学问题.

挪威科学和文学院将 2021 年阿贝尔奖授予匈牙利厄特沃什·罗兰

大学教授洛瓦兹 (L. Lovász, 1948—) 和美国普林斯顿高等研究院教授维格森 (A. Wigderson, 1956—). 洛瓦兹研究的主要影响之一是确立了离散数学能解决计算机科学基本理论问题的方法, 为离散数学和计算机科学领域之间建立了联系. 维格森研究的主要影响之一是在计算复杂性理论的卓著贡献, 这个领域自 20 世纪 70 年代形成, 现已成为数学和理论计算机科学的一个非常重要和成熟的领域.

　　阿贝尔奖委员会主席考斯 (H. Munthe-Kaas) 对两位获奖人的工作及取得的成就评价是: "在过去几十年中, 洛瓦兹和维格森一直是推动实现相关发展的主导力量. 他们的研究在很多方面是相互交错的, 特别是, 他们都对理解计算中的随机性和探索高效计算的边界做出了巨大贡献." 洛瓦兹和维格森的获奖, 以及 P=NP? 问题被列为七个千禧年数学难题之一, 佐证了考斯评述: "离散数学和相对 '年轻' 的理论计算机科学领域现已牢固确立为现代数学的中心领域. "

　　最短网络问题的研究历程展示了离散优化以及数学诸多分支发展的典型模式: 人类对物质世界的不断探索及认识和人类社会进步的需求是数学最初的, 也是能持续发展的核心驱动力, 而数学自身矛盾的解决和体系的完善是数学健康发展的内在驱动力. 这两股力量相互作用和促进也是包括离散优化在内的数学诸多分支不断向前发展的推动力.

　　致谢: 笔者非常感谢席南华院士对本文初稿提出的诸多非常好的修改建议.

 参考文献

[1] Arora S. Polynomial time approximation schemes for Euclidean TSP and other geometric problems. Proc. 37th IEEE Symposium on Foundations of Computer Science (FOCS), 1996: 2-12.

[2] Brazil M, Graham R L, Thomas D A, Zachariasen M. On the history of the Euclidean Steiner tree problem. Archive for History of Exact Sciences, 2014, 68(3): 327-354.

[3] Cavalli-Sforza L L, Edwards A W. Phylogenetic analysis: Models and estimation procedures. American Journal of Human Genetics, 1967, 19: 233-257.

[4] Courant R, Robbins H. What is Mathematics? London: Oxford University Press, 1941, 有中译本.

[5] Du D Z, Hu X D. Steiner Tree Problems in Computer Communication Networks. Singapore: World Scientific Publishing Co Pte Ltd, 2007.

[6] Du D Z, Ko K I, Hu X D. Design and Analysis of Approximation Algorithms. Berlin, Heidelberg, New York: Springer, 2011.

[7] Du D Z, Hwang F K. The Steiner ratio conjecture of Gilbert-Pollak is true. Proceedings of the National Academy of Sciences of the United States of America, 1990, 87: 9464-9466.

[8] Du D Z, Hwang F K. The state of art on steiner ratio problem//Du D Z, Hwang F K, eds. Computing in Euclidean Geometry. Singapore, New Jersey, London, Hong Kong: World Scientific, 1995: 195-224.

[9] Du D Z, Lu B, Ngo H, Pardalos P M. Steiner Tree Problems//Floudas C, Pardalos P, eds. Encyclopedia of Optimization. Boston, MA: Springer, 2009.

[10] Garey M R, Graham R L, Johnson D S. The complexity of computing Steiner minimal trees. SIAM Journal on Applied Mathematics, 1977, 32: 835-859.

[11] Gilbert E N, Pollak H O. Steiner minimal trees. SIAM Journal on Applied Mathematics, 1968, 16: 1-29.

[12] Hwang F K. On Steiner minimal trees with rectilinear distance. SIAM Journal on Applied Mathematics, 1976, 30: 104-114.

[13] Hwang F K, Richards D S, Winter P. Steiner Tree Problems. Amsterdam: North-Holland, 1992.

[14] Karp R M. Reducibility among combinatorial problems//Miller R E, Tatcher J W, eds. Complexity of Computer Computation. New York: Plenum Press, 1972: 85-103.

[15] Mitchell J S B. Guillotine subdivisions approximate polygonal subdivisions: Part II—A simple polynomial-time approximation scheme for geometric k-MST, TSP, and related problems. SIAM Journal on Computing, 1999, 28(4): 1298-1309.

[16] Zelikovsky A Z. An 11/8-approximation algorithm for the Steiner problem on

networks with rectilinear distance. Colloquia Mathematica Societatis JÁNOS BOLYAI, 1992, 60: 733-745.

[17] Zelikovsky A Z. The 11/6-approximation algorithm for the Steiner problem on networks. Algorithmica, 1993, 9: 463-470.

6 醉汉凌乱的脚步是否能把他带回家?

何　凯

夜色朦胧, 在小镇的一条街上, 一个醉汉从家出来散心, 他在街上随意走动. 但是醉汉已经完全没有方向感了, 步伐凌乱, 朝一个方向走几步, 接下来又会朝相反的方向走几步. 路人不免好奇, 他这凌乱的步伐最后能把他带回家么? 这是数学家们感兴趣的一个问题, 称为随机游走问题 (random walk[①] problem). 我们下面看一下数学怎样研究这个问题.

6.1　一维随机游走

我们把醉汉游走的小街抽象为一条直线, 家是直线的原点, 坐标为 0. 进一步, 假设醉汉每一步的步长总是一个固定值, 不妨设它为 1 个单位长度. 这样一来, 醉汉游走的位置坐标都是整数.

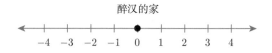

醉汉的家

假设醉汉走了 n 步后的位置坐标是 X_n, 那么醉汉的游走问题就成为: n 比较大时, 是否对某些 n 的值, 他所在的位置坐标 X_n 会为 0. 由

---

① 这里 walk 有时也翻译为游动、漫步或者徘徊等.

于醉汉每一步的方向都是随意的, 从而可能向前走, 也可能向后走. 由于每一步是单位长度, 从而走了 n 步后的位置 X_n 和走了 $n-1$ 步后的位置 X_{n-1} 的关系是

$$X_n = X_{n-1} + 1 \quad \text{或} \quad X_n = X_{n-1} - 1.$$

醉汉的位置是一个变量, 和走路的步数有关. 上式表明这样的变量和我们以前学的函数既有类似的地方, 都是变化的量, 也有不一样的地方, 就是醉汉的位置 X_n 事先不能完全确定, 有随机的性质, 不仅依赖 X_{n-1}, 还依赖醉汉在走了 $n-1$ 步后下一步是朝哪个方向走的. 因此这样的变量称为随机变量[①]是很自然的事情.

既然醉汉走了 n 步后的位置不能事先确定, 是一个随机的量, 那我们只能从概率的角度考虑这个问题: 当 n 比较大时, 醉汉的位置 X_n 在原点处的概率是多少?

1. 先考虑最简单的情况: 每一步醉汉朝正方向和朝反方向走的概率是一样的, 都是 $\frac{1}{2}$. 用 $f_n(a)$ 表示醉汉走了 n 步后位置 X_n 在 a 处的概率, 即概率 $P(X_n = a)$. 很容易列出醉汉最初几步所在位置的概率:

走 0 步: $f_0(0) = 1$;

走 1 步: $f_1(-1) = \frac{1}{2}$, $f_1(1) = \frac{1}{2}$;

走 2 步: $f_2(-2) = \frac{1}{4}$, $f_2(0) = \frac{1}{2}$, $f_2(2) = \frac{1}{4}$;

走 3 步: $f_3(-3) = \frac{1}{8}$, $f_3(-1) = \frac{3}{8}$, $f_3(1) = \frac{3}{8}$, $f_3(3) = \frac{1}{8}$,

以上几步在其他位置的概率均为 0.

我们以醉汉走 3 步为例简要说明一下这些概率值是怎么得到的. 醉汉走一步的方向只有两个, 分别用正和负表示, 对应到位置坐标加 1 和减 1. 醉汉走 3 步的方向序列只有如下 8 种可能:

负负负、负负正、负正负、正负负、负正正、正负正、正正负、正正正.

---

① 概率论中随机变量就是从样本空间到实数集合的函数.

相应的位置坐标是

$$-3, \quad -1, \quad -1, \quad -1, \quad 1, \quad 1, \quad 1, \quad 3.$$

所以 $f_3(-3) = \dfrac{1}{8}$（只有一种走法），$f_3(-1) = \dfrac{3}{8}$（有 3 种走法），$f_3(1) = \dfrac{3}{8}$（有 3 种走法），$f_3(3) = \dfrac{1}{8}$（只有一种走法）.

表 1 列出了 5 步以内各位置的概率.

表 1

$f_n(a)\backslash a$ n	−5	−4	−3	−2	−1	0	1	2	3	4	5
0						1					
1					$\frac{1}{2}$	0	$\frac{1}{2}$				
2				$\frac{1}{4}$	0	$\frac{2}{4}$	0	$\frac{1}{4}$			
3			$\frac{1}{8}$	0	$\frac{3}{8}$	0	$\frac{3}{8}$	0	$\frac{1}{8}$		
4		$\frac{1}{16}$	0	$\frac{4}{16}$	0	$\frac{6}{16}$	0	$\frac{4}{16}$	0	$\frac{1}{16}$	
5	$\frac{1}{32}$	0	$\frac{5}{32}$	0	$\frac{10}{32}$	0	$\frac{10}{32}$	0	$\frac{5}{32}$	0	$\frac{1}{32}$

把这些概率值的分子列出来：

$$
\begin{array}{ccccccccccc}
 & & & & & 1 & & & & & \\
 & & & & 1 & & 1 & & & & \\
 & & & 1 & & 2 & & 1 & & & \\
 & & 1 & & 3 & & 3 & & 1 & & \\
 & 1 & & 4 & & 6 & & 4 & & 1 & \\
1 & & 5 & & 10 & & 10 & & 5 & & 1
\end{array}
$$

这正是杨辉三角的前 5 行. 每一行的数值和相应次数的二项式展开的系

数是一样的, 比如第 5 行和 5 次的二项式展开的系数一样:

$$(v+u)^5 = v^5 + 5v^4u + 10v^3u^2 + 10v^2u^3 + 5vu^4 + u^5.$$

把 $(v+u)^5$ 写成乘积的形式

$$(v+u)^5 = (v+u) \cdot (v+u) \cdot (v+u) \cdot (v+u) \cdot (v+u),$$

展开就是在一个括号里取一项, 乘起来, 共 $32 = 2^5$ 个这样的乘积, 然后相加. v^3u^2 的系数自然就是有 3 个 v 和 2 个 u 的乘积的个数. 如果把 u 理解为醉汉走的正向, v 理解为醉汉走的负向, 那么醉汉的位置与走正向的总步数和走负向的总步数有关, 至于具体在哪一步走正向、哪一步走负向是没有什么关系的.

现在我们可以知道醉汉在走了 n 步后, 处于位置 a 的概率是 0, 如果 a 是如下数值:

$$\pm(n-1), \pm(n-3), \pm(n-5), \cdots, \pm\frac{1+(-1)^n}{2}.$$

如果 a 是负值且 $a = -n+2k = (-n+k)+k$, 即朝负方向走了 $n-k$ 步, 朝正方向走了 k 步, 那么在 a 处的概率是

$$\frac{\mathrm{C}_n^k}{2^n} = \frac{n!}{2^n k!(n-k)!}.$$

(回忆一下, 组合数 C_n^k 就是在有 n 个元素的集合中取出 k 个元素的取法.) 类似地, 如果 a 是非负值且 $a = n-2k = (n-k)-k$, 即朝负方向走了 k 步, 朝正方向走了 $n-k$ 步, 那么在 a 处的概率同样是由上面的公式给出.

综合上面的推导可知, 醉汉走了 n 步后位置 X_n 在 a 处的概率

$$P(X_n = a) = f_n(a)$$

$$= \begin{cases} \dfrac{n!}{2^n \left(\dfrac{n-a}{2}\right)! \left(\dfrac{n+a}{2}\right)!}, & \text{若 } n, a \text{ 奇偶性相同且 } |a| \leqslant n, \\ 0, & \text{否则.} \end{cases} \quad (1)$$

如果我们特别考虑醉汉回到原点的家的概率, 即取 $a = 0$, 则有

$$P(X_{2n+1} = 0) = 0,$$

即醉汉在奇数步之后是不可能回到家的, 且醉汉在偶数步之后回到原点的概率为

$$P(X_{2n} = 0) = \frac{(2n)!}{2^{2n}(n!)^2}.$$

从杨辉三角来看, 经过奇数步之后, 虽然醉汉不会回到家, 但相较于其他位置, 醉汉离家仅有一步之遥的概率是最大的; 而经过偶数步之后, 虽然醉汉回到家的概率不是 1, 但相较于其他位置, 醉汉回到家的概率也是最大的.

2. 在前面的讨论中我们已经看到醉汉走了 n 步后出现在各处的概率, 而且也知道他出现在家门口或离家门口一步之遥的地方的概率最大. 我们可能也好奇, 醉汉走了 n 步后, 平均下来他应该离家多远呢? 一个朴素的想法是考虑位置的概率加权平均. 回顾一下, 醉汉走了 n 步后所处的位置 X_n 的坐标是 a 的概率为 $f_n(a)$. 从而, 也就是说, 醉汉走了 n 步后的概率加权平均是

$$E(X_n) = nf_n(n) + (n-1)f_n(n-1) + \cdots + 1 \cdot f_n(1) + 0 \cdot f_n(0) + (-1)$$
$$\cdot f_n(-1) + \cdots + (-n+1) \cdot f_n(-n+1) + (-n) \cdot f_n(-n).$$

由于 $f_n(a) = f_n(-a)$, 所以 $af_n(a) + (-a) \cdot f_n(-a) = 0$, 从而上面的概率加权平均为 0. 这个结果一方面说明在每一步醉汉朝正方向和朝反方向走的概率是一样的情况下, 走了 n 步后, 平均下来, 醉汉就在家那里; 另一方面这个结果没啥用处, 没有给我们更有意思的信息.

上面的概率加权平均称为随机变量 X_n 的 **(数学) 期望** (mathematical expectation) 或**期望值** (expected value). 对一般的随机变量也可以类似定义其期望值.

一般的直觉是随机变量 X_n 的期望值为 0, 那么它的平方的期望值应该就是 0 的平方, 还是 0. 不过, 这个直觉需要检验. 按照刚才的公式, 我们会有

$$E(X_n^2)$$
$$= n^2 f_n(n) + (n-1)^2 f_n(n-1) + \cdots + 1^2 \cdot f_n(1) + 0^2 \cdot f_n(0)$$
$$\quad + (-1)^2 \cdot f_n(-1) + \cdots + (-n+1)^2 \cdot f_n(-n+1) + (-n)^2 \cdot f_n(-n)$$
$$= 2n^2 f_n(n) + 2(n-1)^2 f_n(n-1) + \cdots + 2 \cdot 1^2 \cdot f_n(1) + 2 \cdot 0^2 \cdot f_n(0).$$

$$(2)$$

上面的求和项都是非负的, 而且大致有一半的项是正的, 所以 X_n^2 的期望值是正的.

把前面计算 $f_n(a)$ 的公式 (1) 直接代入上式并不容易计算出 $E(X_n^2)$. 为此我们另外想办法. 命 $\xi_i = X_i - X_{i-1}$, 也就是 ξ_i 是醉汉第 i 步的取值: 正向取值 1, 负向取值 -1. 显然 ξ_i 是随机变量, 而且有

$$X_n = \xi_1 + \xi_2 + \cdots + \xi_n.$$

于是

$$X_n^2 = \xi_1^2 + \xi_2^2 + \cdots + \xi_n^2 + 2\xi_1\xi_2 + 2\xi_1\xi_3 + \cdots + 2\xi_{n-1}\xi_n.$$

从而

$$E(X_n^2) = E(\xi_1^2) + E(\xi_2^2) + \cdots + E(\xi_n^2) + 2E(\xi_1\xi_2)$$
$$\quad + 2E(\xi_1\xi_3) + \cdots + 2E(\xi_{n-1}\xi_n).$$

由于 $\xi_i^2 = (\pm 1)^2 = 1$, 所以 ξ_i^2 的期望值是 1. 如果 $1 \leqslant i < j \leqslant n$, 那么 (ξ_i, ξ_j) 的取值有如下 4 种可能: $(1,1)$, $(1,-1)$, $(-1,1)$, $(-1,-1)$. 所以 $\xi_i\xi_j$ 的取值为 1 或 -1, 每个值的概率都是 $2/4 = 1/2$. 于是 $\xi_i\xi_j$ 的期望值是 $1 \cdot \dfrac{1}{2} + (-1) \cdot \dfrac{1}{2} = 0$. 这样一来我们得到 X_n^2 的期望值是

$$E(X_n^2) = \underbrace{1 + 1 + \cdots + 1}_{n \text{个} 1} = n. \tag{3}$$

数值 $E(X_n^2)$ 称为随机变量 X_n 的**二阶矩** (second order moment), $\sqrt{E(X_n^2)}$ 称为随机变量 X_n 的**均方根** (root mean square). 上式给出了 X_n 的一些新的信息: 醉汉走了 n 步后, 距离家的均方根值是 $\sqrt{n}$. 它似乎符合直觉: 醉汉在外走的时间越长, 离家的偏差越大.

等式 (3) 和等式 (1) 与 (2) 结合起来, 我们还能得到两个有趣的组合恒等式:

$$\sum_{i=0}^{k} \frac{(2i)^2(2k)!}{2^{2k}(k-i)!(k+i)!} = k,$$

$$2\sum_{i=0}^{k} \frac{(2i+1)^2(2k+1)!}{2^{2k}(k-i)!(k+i+1)!} = 2k+1.$$

3. 很多时候, 由于某些原因, 比如一个方向远方更亮, 另一个方向远方较暗, 或者醉汉觉得某个方向更吸引人等, 醉汉朝两个方向走的概率并不一致. 这时候醉汉的随机游走和前面在第 1 小节讨论的两个方向有相同概率的随机游走既有类似的地方, 也有不同的地方. 我们接下来讨论这种一般情况. 假设醉汉朝正方向走的概率是 p, 朝负方向走的概率是 q. 那我们首先有 $p + q = 1$.

还是假设醉汉走了 n 步后的位置坐标是 X_n. 假设醉汉在这 n 步中有 k 步是朝正方向走, $n-k$ 步是朝负方向走, 从而醉汉走了 n 步后的位置坐标是 $k - (n-k) = 2k - n$. 在第 1 小节中我们知道这样的走法共有 C_n^k 种. 醉汉朝正向走一步的概率是 p, 由于每一步都是随机的, 与上

一步怎么走无关, 所以朝正方向走 k 步的概率是 p^k. 类似地, 朝负方向走 $n-k$ 步的概率是 q^{n-k}. 于是醉汉在一次 n 步的随机游走中有 k 步是朝正方向走和 $n-k$ 步是朝负方向走的概率是 $p^k q^{n-k}$. 由于这样的走法有 C_n^k 种, 所以他的位置 $X_n = 2k-n$ 的概率是

$$f_n(2k-n) = \mathrm{C}_n^k p^k q^{n-k}.$$

我们也可以把醉汉在位置 a 的概率用类似于公式 (1) 的形式表达:

$$P(X_n = a) = f_n(a)$$

$$= \begin{cases} \dfrac{n!}{\left(\dfrac{n-a}{2}\right)! \left(\dfrac{n+a}{2}\right)!} p^{\frac{n+a}{2}} q^{\frac{n-a}{2}}, & \text{若 } n, a \text{ 奇偶性相同且 } |a| \leqslant n, \\ 0, & \text{否则}. \end{cases}$$

$$(4)$$

特别

$$P(X_{2n} = 0) = \frac{(2n)!}{(n!)^2}(pq)^n.$$

我们也同样有兴趣知道醉汉走了 n 步后, 平均下来离家会有多远. 这就是考虑 X_n 的期望值

$$E(X_n) = nf_n(n) + (n-1)f_n(n-1) + \cdots + 1 \cdot f_n(1) + 0 \cdot f_n(0)$$
$$+ (-1) \cdot f_n(-1) + \cdots + (-n+1) \cdot f_n(-n+1)$$
$$+ (-n) \cdot f_n(-n).$$

直接把公式 (4) 中的诸 $f_n(a)$ 代入上式计算并不是容易的事情. 为此我们还是令

$$\xi_i = X_i - X_{i-1},$$

也就是 ξ_i 是醉汉第 i 步的取值: 正向取值 1, 负向取值 -1. 显然 ξ_i 是随机变量, 而且有

$$X_n = \xi_1 + \xi_2 + \cdots + \xi_n.$$

于是 X_n 的期望值就是 $\xi_1, \xi_2, \cdots, \xi_n$ 的期望值的和. 每个 ξ_i 取值 1 的概率是 p, 取值 -1 的概率是 q. 所以 ξ 的期望值是

$$E(\xi_i) = 1 \cdot p + (-1) \cdot q = p - q.$$

这样一来, 我们就得到

$$E(X_n) = E(\xi_1) + E(\xi_2) + \cdots + E(\xi_n)$$
$$= (p - q) + (p - q) + \cdots + (p - q) = n(p - q).$$

这就是说, 醉汉走了 n 步后, 平均离家的位置是 $n(p - q)$.

我们也可以考虑 X_n^2 的期望. 如同第 2 小节那样, 有

$$E(X_n^2) = E(\xi_1^2) + E(\xi_2^2) + \cdots + E(\xi_n^2) + 2E(\xi_1\xi_2)$$
$$+ 2E(\xi_1\xi_3) + \cdots + 2E(\xi_{n-1}\xi_n).$$

由于 $\xi_i^2 = 1$, 所以 $E(\xi_i^2) = 1$. 对任何 $1 \leqslant i < j \leqslant n$, $\xi_i\xi_j$ 取值 1 的情况是 ξ_i 和 ξ_j 均取值 1 或 -1, 所以 $\xi_i\xi_j$ 取值 1 的概率是 $p^2 + q^2$. 类似可知 $\xi_i\xi_j$ 取值 -1 的概率是 $2pq$. 从而 $\xi_i\xi_j$ 的期望值是 $E(\xi_i\xi_j) = 1 \cdot (p^2 + q^2) + (-1) \cdot (2pq) = (p - q)^2$. 于是

$$E(X_n^2) = \underbrace{1 + 1 + \cdots + 1}_{n \ \text{个} 1} + 2\underbrace{[(p - q)^2 + (p - q)^2 + \cdots + (p - q)^2]}_{\frac{n(n-1)}{2} \ \text{个} (p-q)^2}$$

$$= n + 2 \cdot \frac{n(n - 1)}{2}(p - q)^2$$

$$= n + n(n - 1)(p^2 + q^2 - 2pq) \quad (\text{注意到 } (p + q)^2 = 1)$$

$$= n^2 - 4n(n - 1)pq.$$

4. 除了数学期望之外, 概率中常用方差 (variance) 或均方差 (mean square error)[①] 来刻画随机变量与其期望的偏离程度. 具体来说, 对一个

---

① 又称为标准差 (standard deviation).

随机变量 X, 其**方差**定义为

$$D(X) = E((X - E(X))^2).$$

一个简单的计算告诉我们

$$D(X) = E(X^2 - 2E(X)X + (E(X))^2)$$
$$= E(X^2) - 2E(X)E(X) + (E(X))^2 = E(X^2) - (E(X))^2.$$

随机变量 X 的**均方差**则定义为其方差的平方根:

$$\sigma(X) = \sqrt{D(X)}.$$

对第 3 小节的随机变量 ξ_n, 很容易看出其方差是

$$D(\xi_n) = E(\xi_n^2) - (E(\xi_n))^2 = 1 - (p - q)^2 = 4pq,$$

其均方差为

$$\sigma(\xi_n) = \sqrt{D(\xi_n)} = 2\sqrt{pq}.$$

由于随机变量 $\xi_1, \xi_2, \cdots, \xi_n$ 相互独立, 我们可以很容易地计算出 X_n 的方差和均方差, 它们分别为

$$D(X_n) = \sum_{i=1}^{n} D(\xi_n) = 4npq,$$
$$\sigma(X_n) = \sqrt{D(X_n)} = 2\sqrt{npq}.$$

特别 $p = q = \dfrac{1}{2}$ 时 $D(\xi_n) = 1$, $\sigma(\xi_n) = 1$, $D(X_n) = n$ 及 $\sigma(X_n) = \sqrt{n}$. 容易看出, 随着步数 n 增大, 随机游走的醉汉的位置离家的偏离程度也越来越大.

醉汉在一条街上的随机游走问题尽管只是一个一维随机游走, 而且规则简单, 可以称为**一维简单随机游走**, 但似乎已经显示了它有丰富的

内容. 如果醉汉每一步朝两个方向的概率是一样的, 都是 1/2, 则称这样的随机游走为**一维对称** (symmetric) **随机游走**, 否则称为**非对称随机游走**. 接下来我们会看到醉汉的随机游走更多深入甚至是出人意料的性质.

5. 概率论中的伯努利弱大数定律 (law of large numbers) 和博雷尔 (Borel) 强大数定律 (strong law of large numbers) 都很著名. 这两个定律分别告诉我们, 对醉汉的一维随机游走 $X_n = \sum\limits_{i=1}^{n} \xi_i$, 随机变量序列 $\dfrac{X_n}{n}$ 依概率 (弱大数定律) 或几乎处处 (强大数定律) 收敛于 $E(\xi_1)$. 通俗地来说, 大数定律可以说明在独立重复试验多次的情况下, 随机事件发生的频率近似于它的概率 (偶然中包含着某种必然).

6. 概率论中的棣莫弗-拉普拉斯中心极限定理 (De Moivre-Laplace central limit theorem) 有趣又重要. 这个定理告诉我们, 对醉汉的一维随机游走 X_n, 若令其标准化

$$Y_n = \frac{X_n - E(X_n)}{\sqrt{D(X_n)}} = \frac{X_n - E(X_n)}{\sigma(X_n)},$$

则 Y_n 近似服从标准正态分布 (normal distribution), 即 Y_n 的分布函数 $P(Y_n \leqslant x)$ 的极限为标准正态分布的分布函数

$$\Phi(x) = \int_{-\infty}^{x} \frac{1}{\sqrt{2\pi}} \mathrm{e}^{-\frac{y^2}{2}} \mathrm{d}y,$$

其中

$$f(x) = \frac{1}{\sqrt{2\pi}} \mathrm{e}^{-\frac{x^2}{2}}$$

称为标准正态分布的密度函数.

下面是这个中心极限定理的表述.

定理 1(棣莫弗-拉普拉斯中心极限定理)

$$\lim_{n \to \infty} P(Y_n \leqslant x) = \Phi(x).$$

实际上, 我们有

$$\lim_{n\to\infty} \frac{C_n^k p^k q^{n-k}}{\dfrac{1}{\sqrt{2\pi npq}}\mathrm{e}^{-\frac{(k-np)^2}{2npq}}} = 1, \quad k = 0, 1, \cdots, n.$$

注意: 若 $k = \dfrac{n+a}{2}$, 则 $\dfrac{k-np}{\sqrt{npq}} = \dfrac{a-n(p-q)}{2\sqrt{npq}}$.

7. 为了形象地说明上面这个定理, 英国生物统计学家弗朗西斯·高尔顿 (Francis Galton) 于 1893 年设计了一个高尔顿钉板 (Galton knocked board) 实验, 如图 1. 从上到下第 i 层有 $i+1$ 个钉在板上的钉子, 它们彼此的距离均相等, 上一层的每一颗的水平位置恰好位于下一层的两颗正中间, n 层总共有 $n(n+1)/2$ 个钉子. 从入口处 (第 0 层) 放进一个直径略小于两颗钉子之间的距离的小圆玻璃球, 当小圆球向下降落过程中, 碰到钉子后皆以 $\dfrac{1}{2}$ 的概率向左或向右滚下, 于是又碰到下一层钉子. 如此继续下去, 直到滚到底板的一个格子内为止. 把许许多多同样大小的小球不断地从入口处放下, 只要球的数目相当大, 它们在底板将堆成近似于正态分布的密度函数图形 (即中间高两头低、呈左右对称的古钟型).

高尔顿钉板实验

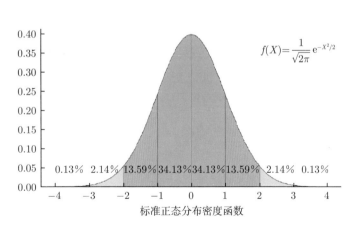

标准正态分布密度函数

图 1

假设入口处的坐标为 0, 我们可以令 ξ_i 表示某个小圆球在第 i 层碰到某个钉子后向左 ($\xi_i = -1$) 或向右 ($\xi_i = 1$) 落下, 则对称随机游走 $X_n = \sum_{i=1}^{n} \xi_i$ 即表示这个小圆球在第 n 层碰到的钉子的水平位置.

中心极限定理被认为是概率论中的首席定理, 它对独立同分布且方差为正的随机变量序列和均成立. 粗略地来说, 它表明在自然界与生产中, 一些现象受到许多相互独立的随机因素的影响, 如果每个因素所产生的影响都很微小时, 其总的影响可以看作是服从正态分布. 20 世纪初概率论专家大都称呼该定理为极限定理, 由于该定理在概率论中处于如此重要的中心位置, 如此之多的概率论专家对它赞叹不已, 于是美籍匈牙利数学家乔治·波利亚 (George Polya) 于 1920 年在该定理前面冠以"中心"一词. 这一强调为大家所接受, 以后人们就都把这个极限定理称为中心极限定理.

8. 回到我们的问题上来, 虽然醉汉走了 n 步后的位置 X_n 正好处于家的位置这一事件的概率不为 1, 即事件 $\{X_n = 0\}$ 的概率不会为 1, 但如果我们考虑一个更大的事件呢? 比如, 醉汉一直走下去, 时间可以任意长, 是否在出发后某个时刻能回到家的概率为 1. 这就是问如下事件

$$\bigcup_{n=1}^{\infty} \{X_n = 0\}$$

的概率是否为 1. 或者换一种方式来说, 如果我们假设醉汉出发后首次回到家的时间为 τ_0, 即

$$\tau_0 = \min\{n > 0 : X_n = 0\},$$

那么问题就变成 τ_0 为有限值的概率是否为 1. 也就是说, 我们能否证明

$$P(\tau_0 < \infty) = 1?$$

注意

$$\{\tau_0 < \infty\} = \bigcup_{n=1}^{\infty}\{X_n = 0\}.$$

如果随机序列 X_n 有如下的性质

$$P(\tau_0 < \infty) = P\left(\bigcup_{n=1}^{\infty}\{X_n = 0\}\right) = 1,$$

我们则称这个随机序列在 0 处是**常返** (recurrence) 的. 更一般地来说, 如果随机序列从一个状态出发, 以概率 1 一定能回到这个状态, 则称这个状态是**常返**的, 否则称该状态为**暂留**[①](transience) 的, 这里我们考虑的就是随机序列 X_n 在原点 0 的常返性. 我们有如下结论.

定理 2 如下三个结论等价:

(1) $P(\tau_0 < \infty) = 1$;

(2) $\sum_{n=0}^{\infty} P(X_n = 0) = \infty$, 其中 $\sum_{n=0}^{\infty} P(X_n = 0)$ 称为随机序列 X_n 在 0 处的**格林函数** (Green function);

(3) $P\left(\bigcap_{n=1}^{\infty}\bigcup_{k=n}^{\infty}\{X_n = 0\}\right) = 1.$

最后一个等式说明实际上常返的随机游走序列可以无穷次返回原点. 证明后面两者等价需要用到博雷尔-坎泰利引理 (Borel-Cantelli lemma). 严格证明前两者等价需要更多复杂的准备知识. 这里我们给出一个大致的思路来解释一下前两者的等价.

假设 $\tau_0^0 = 0$,

$$\tau_0^k = \min\{n > \tau_0^{k-1} : X_n = 0\},$$

故 τ_0^1 即为 τ_0, 于是递增序列 τ_0^k, $k = 0, 1, \cdots$ 给出了所有 X_n 处于原点的时刻, 其总数设为 η, 这是一个随机变量. 可以证明

---

① 有时也翻译成瞬时、滑过.

$$\frac{P(\tau_0^k < \infty)}{P(\tau_0^{k-1} < \infty)} = P(\tau_0^k < \infty | \tau_0^{k-1} < \infty) = P(\tau_0^1 < \infty) = P(\tau_0 < \infty).$$

上式中间的等号表明在 X_n 已经返回过原点的条件下再次返回到原点的概率等于 X_n 能首次返回原点的概率. 这个结论对一般的独立同分布和序列 X_n 均成立. 从而

$$P(\tau_0^k < \infty) = P(\tau_0 < \infty)^k.$$

一方面,

$$E(\eta) = E\left(\sum_{n=0}^{\infty} I_{\{X_n=0\}}\right) = \sum_{n=0}^{\infty} P(X_n = 0),$$

其中 $I_{\{X_n=0\}}$ 为事件 $X_n = 0$ 的示性函数 (indicator function). 一般地, 对一个事件 A, 其示性函数 I_A 定义如下

$$I_A(\omega) = \begin{cases} 1, & \text{如果 } \omega \in A, \\ 0, & \text{如果 } \omega \notin A. \end{cases}$$

另一方面,

$$E(\eta) = E\left(\sum_{k=0}^{\infty} I_{\{\tau_0^k < \infty\}}\right) = \sum_{k=0}^{\infty} P(\tau_0^k < \infty) = \sum_{k=0}^{\infty} P(\tau_0 < \infty)^k.$$

因此级数 $\sum\limits_{n=0}^{\infty} P(X_n = 0)$ 发散等价于等比级数 $\sum\limits_{k=0}^{\infty} P(\tau_0 < \infty)^k$ 的公比 $P(\tau_0 < \infty) = 1$. 这就说明了定理中前面两个结论是等价的.

对醉汉的随机游走, 我们应用上面的定理, 计算

$$\sum_{n=0}^{\infty} P(X_n = 0) = \sum_{n=0}^{\infty} P(X_{2n} = 0) = \sum_{n=0}^{\infty} \frac{(2n)!}{(n!)^2}(pq)^n.$$

由斯特林 (Stirling) 公式

$$n! \approx \sqrt{2\pi n}\left(\frac{n}{\mathrm{e}}\right)^n,$$

故当 $n \gg 0$ 时,

$$\frac{(2n)!}{(n!)^2}(pq)^n \approx \frac{(4pq)^n}{\sqrt{\pi n}}.$$

我们知道 $4pq \leqslant (p+q)^2 = 1$, 等号成立当且仅当 $p = q = \dfrac{1}{2}$. 因此当 $p \neq q$ 时, $4pq < 1$, 由柯西 (Cauchy) 判别法或达朗贝尔 (D'Alembert) 判别法可知级数

$$\sum_{n=1}^{\infty} \frac{(4pq)^n}{\sqrt{n}} < \infty,$$

此时原点 0 是暂留的. 这就是说非对称随机游走的醉汉出门后就无法回到自己的家了. 当 $p = q = \dfrac{1}{2}$ 时, 即考虑对称随机游走, 由于

$$\sum_{n=1}^{\infty} \frac{1}{\sqrt{n}} = \infty,$$

因而原点 0 是常返的. 这意味着在对称随机游走的情况下, 出门后醉汉会无穷次返回自己的家.

至此醉汉的一维随机游走问题得到完满的解决.

9. 对于醉汉的一维简单随机游走, 我们把如下定义的条件概率

$$\begin{cases} p_{i\,i+1} = P(X_{n+1} = i+1 | X_n = i) = p, \\ p_{i\,i-1} = P(X_{n+1} = i-1 | X_n = i) = q, \end{cases}$$

称为 X_n 的一步转移概率. 另外对 $j \neq i-1$ 或 $i+1$, 定义

$$p_{ij} = 0,$$

这些 $p_{ij} = P(X_{n+1} = j | X_n = i)$ 形成了一个无限阶矩阵

$$
P = \begin{pmatrix}
 & & \cdots & & \cdots & \\
\cdots & p_{-1\,-1} & p_{-1\,0} & p_{-1\,1} & p_{-1\,2} & \cdots \\
\cdots & p_{0\,-1} & p_{00} & p_{01} & p_{02} & \cdots \\
\cdots & p_{1\,-1} & p_{10} & p_{11} & p_{12} & \cdots \\
\cdots & p_{2\,-1} & p_{20} & p_{21} & p_{22} & \cdots \\
 & & \cdots & & \cdots &
\end{pmatrix}
$$

$$
= \begin{pmatrix}
 & \cdots & \cdots & & \\
\cdots & 0 & p & & \cdots \\
\cdots & q & 0 & p & \cdots \\
\cdots & & q & 0 & p & \cdots \\
\cdots & & & q & 0 & \cdots \\
 & \cdots & \cdots & &
\end{pmatrix}.
$$

该无限阶矩阵 (称为**转移矩阵** (transition matrix)) 几乎包含了一维简单随机游走的所有基本信息.

由此展开, 我们还可以定义更一般的随机游走. 例如我们仍定义

$$
X_n = \sum_{i=1}^{n} \xi_i,
$$

随机序列 ξ_n 只需独立同分布即可. 或者我们可以将一步转移概率 p_{ij} 修改为

$$
\begin{cases}
p_{i\,i+1} = p_i, \\
p_{i\,i} = r_i, \\
p_{i\,i-1} = q_i,
\end{cases}
$$

只要非负数 p_i, q_i, r_i 满足

$$
p_i + q_i + r_i = 1,
$$

这种有一定概率停滞不前的过程也称为带时滞的随机游走.

下面是某种广义随机游走的例子. 假设 ξ_n, η_n 独立同分布, 且

$$P(\xi_n = 1) = P(\xi_n = -1) = \frac{1}{2}.$$

考虑两个对称随机游走 (初始点不一定在原点)

$$\begin{cases} X_n = \sum_{i=1}^{n} \xi_i, \\ Y_n = 2 + \sum_{i=1}^{n} \eta_i, \end{cases}$$

以及它们最初的相遇时刻

$$\tau = \min\{n > 0 : X_n = Y_n\}.$$

若我们取

$$\zeta_n = \frac{1}{2}(\eta_n - \xi_n),$$

则

$$\begin{cases} P(\zeta_n = 1) = P(\zeta_n = -1) = \frac{1}{4}, \\ P(\zeta_n = 0) = \frac{1}{2}, \end{cases}$$

从而

$$Z_n = \frac{1}{2}(Y_n - X_n) = 1 + \sum_{i=1}^{n} \zeta_i$$

就是带时滞的随机游走, 且

$$\tau = \min\{n > 0 : Z_n = 0\}.$$

于是研究两个对称随机游走的初次相遇时刻问题变成了研究带时滞的随机游走出发后首次到达原点的时刻. 这可类比与 "警察抓小偷",

在街上随机巡逻的警察能否遇到随机作案的小偷呢? 前面的讨论表明答案是可以!

10. 一维随机游走问题在实际生活中有许多重要的应用. 例如下面的 "赌徒输光 (破产) 问题".

假设某赌徒开始时有赌本 a 元, 每次押注一元, 每局赌博过程互不干扰 (即数学上的 "独立"), 且输赢的机会各半. 这相当于醉汉 (手头的资金) 在初始时刻位于点 a 处, 然后 (他手头的资金) 在直线上作对称随机游走 X_n, 向右一格表示他赢一元, 向左一格表示他输一元. 赌徒的破产时刻自然可以定义为 $X_n = 0$ 的时刻, 即

$$\tau_0 = \min\{n > 0 : X_n = 0\},$$

数学上可以证明 τ_0 一定是有限值, 也就是说该赌徒一定将在有限时间内血本无归.

进一步, 我们考虑有甲、乙两个赌徒赌博, 赌本分别为正整数 a 和 b, 每局赌注为一元 (例如抛硬币, 正面朝上甲赢一元, 反面朝上则乙赢一元), 甲和乙赢的概率分别为 p 和 $q = 1 - p$, 直至某人输光. 这相当于甲醉汉在初始时刻位于点 a 处, 然后在直线上作简单随机游走, 向右一格表示甲赢乙一元, 向左一格表示甲输给乙一元. 与一维简单随机游走仅有的区别是在直线的点 "0" 和点 "$a + b$" 处有两个 "吸收壁", "0" 吸收壁表示甲输光了, "$a + b$" 吸收壁表示乙输光了即甲赢得了乙的所有赌本, 一旦醉汉达到这两个 "吸收壁" 中的一个, 赌博则立刻停止 (或者说不再游走了). 此时的转移矩阵 (有限阶) 形如

$$P = \begin{pmatrix} 1 & & & \cdots & & & \\ q & 0 & p & \cdots & & & \\ & q & 0 & p & \cdots & & \\ & & & \cdots & & & \\ & & & \cdots & q & 0 & p \\ & & & \cdots & & & 1 \end{pmatrix}.$$

数学家通过计算可以得到甲赌徒最后能赢得所有赌本的概率. 当 $p \neq q$ 时, 这个概率为

$$\frac{1 - \left(\dfrac{q}{p}\right)^a}{1 - \left(\dfrac{q}{p}\right)^{a+b}},$$

当 $p = q = \dfrac{1}{2}$ (相当于对称随机游走) 时, 这个概率为

$$\frac{a}{a+b}.$$

后者直观地来讲, 在两个赌徒赌博的技术势均力敌时, 赌局双方中谁的资本额 (例如 $a:b$) 越大, 谁笑到最后的概率也就越高. 这充分说明一个个体赌徒进了赌场之后, 除非他本身就是一位超级富豪, 以超过赌场自有资金规模数倍的资本投入到赌局之中, 他才可能赢面较大. 否则对于嗜赌的赌徒, 在赌场最终的结果只能是输, 因为赌徒永远也不可能战胜数学规律以及概率法则!

如果假设赌博的一方在输光后, 对手以概率 1 借给输家一元继续赌, 则问题对应了具有两个 "反射壁" 的随机游走. 此时的转移矩阵 (也是有限阶) 形如

$$P = \begin{pmatrix} 0 & 1 & & \cdots & & & \\ q & 0 & p & \cdots & & & \\ & q & 0 & p & \cdots & & \\ & & & \cdots & & & \\ & & & \cdots & q & 0 & p \\ & & & \cdots & & 1 & 0 \end{pmatrix}.$$

6.2 二维随机游走

如果醉汉不是仅在一条直线上运动呢? 1905 年, 英国现代统计学之父卡尔·皮尔逊 (Karl Pearson) 在《自然》(*Nature*) 杂志上发表文章 "The Problem of Random Walker" 公开求解如下的二维醉汉随机游走问题.

假设在某个广场的某个灯柱上靠着一个完全丧失方向感的无家可归的醉鬼 (天晓得他在什么时候和怎样跑到这儿来的, 不妨就把原点灯柱看成他的家吧), 他在灯柱周围随便走动 (这里假设他只朝着 "东"、"南"、"西"、"北" 四个方向迈步), 先朝一个方向走上几步, 然后换个方向再迈上几步, 如此这般, 每走几步就随意折个方向, 那么这位老兄在这样弯弯折折地走了一段路程, 他离灯柱有多远呢? 他还能回到原点吗? 如图 2 所示.

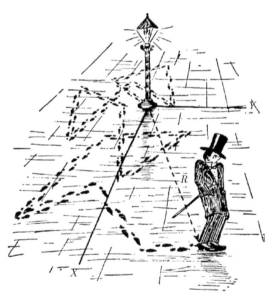

图 2   插图来自于文献 [12]

简而言之, 如果一个醉汉走路时每步的方向和大小完全随机, 经过一段时间之后，在什么地方找到他的可能性最大？是不是随着时间的增长，想当然地认为醉汉会离原点越来越远呢？或者似乎我们又认为醉汉来来回回，兜兜转转，整体看来最后估计还是会走到离原点不远的地方？乍一看该问题，由于对每一次拐弯的情况都不能事先加以估计，这个问题似乎是无法解答的.

1905 年 8 月，英国物理学家瑞利勋爵 (Lord Rayleigh) 对这个问题做出了解答. 1921 年，波利亚在系统地研究了随机游走问题后，证明了"一维或二维对称随机游走具有常返性"的随机游走定理，从而得出了对称随机游走的醉汉最终会返回原点的结论.

据说波利亚在苏黎世 (Zurich) 大学周围街区随意漫步时，总是一而再、再而三地遇到一对恋人，为了"证明"自己并不是在故意盯梢人家，波利亚把自己的随意漫步看成是二维格点上的对称随机游走，由于二维对称随机游走是常返的，因此两个独立的对称随机游走一定会相遇无穷次！同理在广场上随机巡逻的警察也一定能抓到随机作案的小偷.

日本著名数学家角谷静夫 (Shizuo Kakutani) 通俗形象地将波利亚的随机游走定理表述为：喝醉的酒鬼总能回到家 (A drunk man will eventually find his way home). 因此，随机游走定理也被称为酒鬼回家定理.

2012 年，波利亚的随机游走定理被《数学之书》(*The Math Book*)(作者为美国科普作家柯利弗德·皮寇弗 (Clifford A. Pickover)) 列入数学发展史上最重要的 250 个里程碑式的事件之一 (图 3). 《数学之书》是这样用现代语言描述一维对称随机游走问题的：想象一只机器甲虫在一条无限长的水管中随机地向前或向后移动一步，问它最终回到原点的概率是多少？波利亚证明：如果不限制机器甲虫在一维空间内随机游走的步数，则机器甲虫最终回到原点的概率等于 1.

值得提醒的是，虽然随机游走定理的存在使得现实生活中的我们也许会为再也不用担心认不得路而感到欣慰：就算是个路盲随便乱走，也总能回到自己的家 (迷途知返？). 事实上更进一步的理论表明，这个能返回原处的随机时刻 τ_0 是一个期望为无穷的随机变量[①], 也就是从平均的意义上来说, 随机游走的你永远也回不了自己的家! 同理警察逮住小偷的平均时间其实也是无穷大, 不过不用紧张! 数学上可以证明多安排几个警察一定能在有限时间内逮住小偷.

图 3 插图来自于文献 [6]

6.3 高维随机游走

如果是小鸟喝醉了酒, 在空中毫无方向感地飞行, 我们可以用三维简单随机游走来描述这个情景.

更一般地, 对一个在 d 维空间中游荡的醉鬼, 我们可以用

$$\begin{cases} P(\xi_n = e_k) = p_k, \\ P(\xi_n = -e_k) = q_k, \end{cases}$$

$$e_k = (0, \cdots, 0, \underbrace{1}_{\text{第 } k \text{ 个位置}}, 0, \cdots, 0),$$

$$\sum_{k=1}^{d} (p_k + q_k) = 1,$$

---

① 此时称为零常返 (null recurrent), 与之相对的概念称为正常返 (positive recurrent).

$$X_n = \sum_{i=1}^{n} \xi_i$$

这样的数学模型来刻画 d 维简单随机游走. 同样若 $p_k = q_k = \dfrac{1}{2d}$, 则称为 d 维对称随机游走 (图 4).

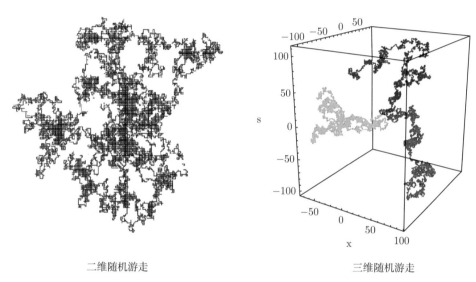

二维随机游走　　　　　　　　　三维随机游走

图 4　插图来自于 www.zhihu.com 以及 www.cnblogs.com

命题 3　对于 d 维对称随机游走, 有

$$\begin{cases} P(X_{2n+1}=0)=0, \\ P(X_{2n}=0)=\dfrac{1}{(2d)^{2n}} \displaystyle\sum_{k_1+\cdots+k_d=n} \dfrac{(2n)!}{(k_1!)^2 \cdots (k_d!)^2} \approx cn^{-\frac{d}{2}}. \end{cases}$$

由此可以看到对于一维或二维对称随机游走,

$$\sum_{n=0}^{\infty} P(X_n=0)=\infty,$$

原点均是常返的[①], 对于三维以及更高维的对称随机游走,

$$\sum_{n=0}^{\infty} P(X_n = 0) < \infty,$$

原点均是暂留的. 对于非对称的随机游走, 可以证明在各个维数下原点均是暂留的.

波利亚的随机游走定理不仅告诉我们一维或二维对称随机游走具有常返性, 甚至可以证明三维以及更高维的随机游走是暂留的. 也就是说对于空中喝醉的小鸟就没有街道或广场中的醉汉那么幸运了, 它有可能永远也回不到出发点. 事实上, 三维随机游走最终能回到出发点的概率只有约 33.8%, 这一概率随着空间维度的增加逐渐减小: 四维空间为 19.3%, 八维空间为 7.3%, 十维空间为 5.6%······. 所以角谷静夫还说过: "喝醉的酒鬼总能回到家, 而喝醉的小鸟再也不归来 (but a drunk bird may get lost forever)."

我们还可以把随机游走的定义推广到抽象的群上. 设 G 是一个群 (group), 里面的乘法运算不一定有交换性, ξ_n 为取值于 G 的独立同分布的随机元. 令

$$X_n = \xi_1 \xi_2 \cdots \xi_n \ (\text{这里考虑的是右乘}),$$

称其为群 G 上的随机游走.

例 4 设 G 为由

$$\{e_1, e_1^{-1}, e_2, e_2^{-1}, \cdots, e_d, e_d^{-1}\}$$

生成的自由群 (free group), 对应的凯莱图 (Cayley graph) 为一正则树 (regular tree), 其中这些生成元 e_k, e_k^{-1} 各不相同. 假设

$$P(\xi_n = e_k) = P(\xi_n = e_k^{-1}) = \frac{1}{2d},$$

---

① 实际上为零常返.

则称

$$X_n = \xi_1 \xi_2 \cdots \xi_n$$

为正则树上的对称随机游走.

6.4 马尔可夫过程

在前面的例子中,

$$X_n = \sum_{i=1}^{n} \xi_i,$$

我们均假设 ξ_n 独立同分布, 但如果连同分布的性质都不要求呢? 此时我们可以看到, 对任意的 $0 \leqslant t_0 < t_1 < \cdots < t_n$, t_i 为非负整数,

$$X_{t_n} - X_{t_{n-1}}, \cdots, X_{t_1} - X_{t_0}, X_{t_0} 相互独立,$$

满足这个重要性质的随机序列 X_n 我们称为独立增量序列. 对独立增量序列, 我们很容易证明如下的 "马尔可夫 (Markov) 性":

$$P(X_{n+1} = i_{n+1} | X_n = i_n, \cdots, X_0 = i_0) = P(X_{n+1} = i_{n+1} | X_n = i_n).$$

通俗地来说, 即这种随机序列在已知 "现在" 的条件下, "将来" 与 "过去" 无关, 该性质也被称为 "无记忆性" (memorylessness), 它是由俄国数学家安德雷·马尔可夫 (Andrey Markov) 于 1907 年提出. 满足该性质的一大类随机序列我们把它称为离散时间马尔可夫链 (chain), 随机游走正是一种比较典型的马尔可夫链的例子.

想象在荷花池中有一只没有记忆的青蛙, 依照它瞬间或起的念头从一片荷叶上跳到另一片荷叶上, 当所处的位置已知时, 它下一步跳往何处和它以往走过的路径无关. 青蛙最初处的荷叶号码以及第一次, 第二次, $\cdots$, 第 n 次跳跃后所处的荷叶号码就是一个马尔可夫链.

"马尔可夫性" 等价于如下看似更强的性质: 对任意的 $0 \leqslant t_0 < t_1 < \cdots < t_n < \cdots$, t_i 为非负整数,

$$P(X_{t_{n+1}} = i_{n+1}, X_{t_{n+2}} = i_{n+2}, \cdots | X_{t_n} = i_n, \cdots, X_{t_0} = i_0)$$

$$= P(X_{t_{n+1}} = i_{n+1}, X_{t_{n+2}} = i_{n+2}, \cdots | X_{t_n} = i_n).$$

也等价于

$$P(X_0 = i_0, \cdots, X_{n-1} = i_{n-1}, X_{n+1} = i_{n+1}, X_{n+2} = i_{n+2}, \cdots | X_n = i_n)$$

$$= P(X_{n+1} = i_{n+1}, X_{n+2} = i_{n+2}, \cdots | X_n = i_n)$$

$$\cdot P(X_0 = i_0, \cdots, X_{n-1} = i_{n-1} | X_n = i_n),$$

即 "将来" 与 "过去" 关于 "现在" 是条件独立的.

对离散时间马尔可夫链, 记时刻 n 的 m 步转移概率为

$$p_{ij}^{(m)}(n) = P(X_{n+m} = j | X_n = i),$$

特别时刻 n 的一步转移概率

$$p_{ij}(n) = P(X_{n+1} = j | X_n = i).$$

若 $p_{ij}(n) = p_{ij}$ 与 n 无关, 则称 X_n 为齐次或时齐 (time homogeneous) 马尔可夫链 (一般情形又称为非齐次或非时齐的), 此时 m 步转移概率 $p_{ij}^{(m)}(n)$ 也与 n 无关, 可简记为 $p_{ij}^{(m)}$. 前面的例子中要求 ξ_n 独立同分布, 此时的随机游走都是齐次马尔可夫链.

m 步转移概率满足

$$p_{ij}^{(0)}(n) = \delta_{ij} = \begin{cases} 1, & i = j, \\ 0, & i \neq j, \end{cases}$$

以及著名的查普曼-柯尔莫哥洛夫 (Chapman-Kolmogorov) 方程:

$$\sum_k p_{ik}^{(m)}(l) p_{kj}^{(n)}(l+m) = p_{ij}^{(m+n)}(l).$$

直观地来说, 随机序列在时刻 l 状态为 i 的条件下经过 $m+n$ 步跑到状态 j, 相当于从时刻 l 状态为 i 的条件下先经过 m 步跑到状态 k, 再从时刻 $l+m$ 状态为 k 的条件下经过 n 步跑到状态 j. 用矩阵乘法的观点, 该方程可以简洁地写成

$$P^{(m)}(l)P^{(n)}(l+m) = P^{(m+n)}(l),$$

特别对齐次马尔可夫链, 该方程直接简化为

$$P^{(m)} = P^m.$$

例 5　考虑一个生物总体, 第 0 代只有 $X_0 = 1$ 个生物个体, 每个个体以概率 $P(k), k = 0, 1, \cdots$ 产生 k 个后代, 即

$$P(X_1 = k) = P(k).$$

假设不同代的不同后代均独立, 第 n 代有

$$X_n = \sum_{i=1}^{X_{n-1}} \xi_i^{(n-1)}$$

个生物个体, 其中 $\xi_i^{(n-1)}$ 表示第 i 个第 $n-1$ 代个体的后代个数, 对不同的 n 和 i 均相互独立, 且均与 X_1 同分布, 随机序列 X_n 称为分支过程, 它为齐次马尔可夫链.

例 6　记简单图 $G = (V, E)$, 其中 V 为顶点集, E 为边集. 对任意 $x, y \in V$, 以 $x \sim y$ 表示顶点 x 和 y 之间有边相连. 以 d_x 表示顶点 x 的度 (即与 x 相连的边的数目). 若 $x \sim y$, 定义转移概率

$$p_{xy} = \frac{1}{d_x},$$

否则为零, 对应的齐次马尔可夫链称为图 G 上的简单随机游走.

在前面的例子中, 时间 n 均是离散的. 在数学上, 如果允许我们考虑时间 t 实际上是一个连续变化的实参数, 我们把这样的随机变量族 $X_t, t \geqslant 0$ 称为随机过程 (stochastic process). 许多随机序列都可作这样的推广. 例如独立增量过程 (或可加过程) 仍等价于满足对任意的 $0 \leqslant t_0 < t_1 < \cdots < t_n$,

$$X_{t_n} - X_{t_{n-1}}, \cdots, X_{t_1} - X_{t_0}, X_{t_0} \text{相互独立},$$

再若 $X_t - X_s$ 的分布只与 $t - s$ 有关, 则称为平稳独立增量过程或莱维过程 (Lévy process).

如果一个随机过程 X_t 满足如下的 "马尔可夫性": 对任意的 $0 \leqslant s < t$ 以及任意的可测集 A,

$$P(X_t \in A | \mathcal{F}_s) = P(X_t \in A | X_s),$$

则称随机过程 X_t 为马尔可夫过程, 其中过去 "信息流" $\mathcal{F}_s$ 为由所有的 s 时刻以前的过程 $X_u, 0 \leqslant u \leqslant s$ 生成的 σ 代数[1].

记将来 "信息流" $\mathcal{F}^s$ 为由所有的 s 时刻以后的过程 $X_u, u \geqslant s$ 生成的 σ 代数, "马尔可夫性" 等价于如下看似更强的性质: 对任意的 ξ 为有界或非负 $\mathcal{F}^s$ 可测随机变量,

$$E(\xi | \mathcal{F}_s) = E(\xi | X_s).$$

也等价于对任意的 ξ 为有界或非负 $\mathcal{F}^s$ 可测随机变量, 任意的 η 为有界或非负 $\mathcal{F}_s$ 可测随机变量,

$$E(\xi \eta | X_s) = E(\xi | X_s) \cdot E(\eta | X_s),$$

即 "将来" $\mathcal{F}^s$ 与 "过去" $\mathcal{F}_s$ 关于 "现在" X_s 是条件独立的.

---

[1] σ 代数为一族事件的集合, 它对事件的可数并、可数交和补运算均封闭, 且包含不可能事件和必然事件.

定义转移概率核

$$P_{s,t}(x, A) = P(X_t \in A | X_s = x),$$

以及对任意的可测函数 $f(x)$,

$$P_{s,t}f(x) = \int P_{s,t}(x, \mathrm{d}y)f(y),$$

则类似地有如下查普曼-柯尔莫哥洛夫方程: 对任意的 $0 \leqslant s < u < t$,

$$P_{s,t} = P_{s,u}P_{u,t}.$$

若 $P_{s,t} = P_{0,t-s}$, 则简记转移算子

$$P_t = P_{0,t},$$

此时的查普曼-柯尔莫哥洛夫方程

$$P_{t+s} = P_sP_t$$

恰好表明转移算子 P_t 即为一个算子半群 (semigroup), 我们称随机过程 X_t 为齐次或时齐马尔可夫过程.

例 7 初值为零的平稳独立增量过程 X_t, 若对任意的 $0 \leqslant s < t$,

$$X_t - X_s \text{ 服从参数为 } \lambda(t - s) \text{ 的泊松 (Poisson) 分布},$$

即

$$P(X_t - X_s = k) = \frac{\lambda^k(t - s)^k \mathrm{e}^{-\lambda(t-s)}}{k!}, \quad k = 0, 1, \cdots,$$

我们称随机过程 X_t 为泊松过程, 它为只取非负整数值的齐次马尔可夫过程. 在随机排队服务系统中泊松过程有着重要的应用.

以下定理说明马尔可夫过程的有限维分布由初始分布和转移概率完全决定:

定理 8 X_t 是初始分布为 μ 的具有转移概率 $P_{s,t}$ 的马尔可夫过程, 等价于对任意的 $0 = t_0 < t_1 < \cdots < t_n$, 任意的关于 $n+1$ 个变量的有界或非负可测函数 $f(x_0, x_1, \cdots, x_n)$,

$$E(f(X_{t_0}, X_{t_1}, \cdots, X_{t_n}))$$
$$= \int \mu(\mathrm{d}x_0) \int P_{t_0,t_1}(x_0, \mathrm{d}x_1) \cdots \int P_{t_{n-1},t_n}(x_{n-1}, \mathrm{d}x_n) f(x_0, x_1, \cdots, x_n).$$

因此转移矩阵或者转移概率在马尔可夫链或马尔可夫过程的研究中起着举足轻重的作用, 它包含了几乎所有该过程的信息.

在现实生活中, 传染病受感染的人数、谣言的传播过程、原子核中一自由电子在电子层中的跳跃、人口增长过程、车站的等候人数、天气的状态转换、信息源产生的符号序列、股票的价格、气味的扩散等等都可视为马尔可夫过程. 还有些过程 (例如某些遗传过程) 在一定条件下也可以用马尔可夫过程来近似. 马尔可夫过程目前已经广泛应用于计算机图像处理、网页搜索、通信技术、自动控制、排队服务、可靠性、经济、管理、气象、教育、物理、化学、生物学、心理学等众多领域.

6.5 布朗运动

把醉鬼换成很小的物体, 例如悬浮在液体中的植物花粉或细菌, 我们就会看到 1827 年苏格兰植物学家罗伯特·布朗 (Robert Brown) 在显微镜下观察到的那种奇怪现象. 当然, 花粉和细菌是不喝酒的, 但如果我们考虑到它们在周围无数小颗粒连续随机作用下的热运动, 它们被迫走出弯弯曲曲的路线恰似那因酒精作怪而失去方向感的醉汉一样, 这种无规则的运动后来被命名为 "布朗运动 (Brownian motion)".

1900 年, 法国数学家亨利·庞加莱 (Jules Henri Poincaré) 的学生路易斯·巴舍利耶 (Louis Jean-Baptiste Alphonse Bachelier) 通过对巴黎股市的观察也发现了布朗运动的概率分布, 他在其博士论文 "投机理论 (The Theory of Speculation)" 中首次构建了布朗运动的模型, 可惜他的文章发表在经济类的杂志上, 没有在数学界产生应有的影响, 很多年后才被人注意到, 今天世界性的金融数学学会 Bachelier Finance Society 就以他的名字命名.

爱因斯坦 (Albert Einstein) 在 1905 年从统计物理的原理出发提出了布朗运动的数学理论 (同年狭义相对论诞生). 1908 年, 法国物理学家保罗·朗之万 (Paul Langevin) 用随机微分方程 (stochastic differential equation) 给出了花粉粒子的动力学方程, 发展了布朗运动的涨落理论.

1923 年, 美国应用数学家诺伯特·维纳 (Norbert Wiener) 给出了布朗运动严格的数学构造, 这项研究工作据说是美国本土产生的第一个具有世界水平的数学研究成果, 因此布朗运动在数学上也称为维纳过程, 他构造的概率空间被称为维纳空间, 虽然当年他作为麻省理工学院 (Massachusetts Institute of Technology) 讲师的资格都还有点问题.

定义 9 初值为零的连续平稳独立增量过程 X_t, 若对任意的 $0 \leqslant s < t$,

$$X_t - X_s \text{ 服从期望为 0 且方差为 } t - s \text{ 的正态分布,}$$

我们称随机过程 X_t 为一维 (标准) 布朗运动. 若 d 维随机过程满足各分量为独立的一维布朗运动, 则称该过程为 d 维布朗运动.

布朗运动为齐次马尔可夫过程, 其转移概率即为

$$P_t(x, A) = \int_A \frac{1}{(\sqrt{2\pi t})^d} e^{-\frac{|x-y|^2}{2t}} \, dy,$$

半群对应的转移密度 $p_t(x, y)$ 称为热核 (heat kernel), 它满足热方程 (heat equation):

$$\frac{\partial p_t(x, y)}{\partial t} = \frac{1}{2} \Delta p_t(x, y),$$

半群对应的无穷小生成元 (generator) 为 $\frac{1}{2}\Delta$, 其中

$$\Delta = \sum_{i=1}^{d} \frac{\partial^2}{\partial x_i^2}$$

为拉普拉斯 (Laplace) 算子. 利用生成元的这个性质, 我们还可以在一般黎曼流形上定义布朗运动.

值得一提的是, 1931 年, 苏联数学家安德雷·柯尔莫哥洛夫 (Andrey Nikolaevich Kolmogorov) 在其论文 "概率论中的解析方法" (Analytic Methods in Probability Theory) 中, 利用偏微分方程的方法研究了一般扩散过程 (一种连续的马尔可夫过程) 的构造问题.

第二次世界大战期间, 角谷静夫被赶出美国, 在饥饿困顿中发现了布朗运动与牛顿位势 (potential, 参看万有引力定律) 之间的联系.

1940 年, 在法国数学家保罗·皮埃尔·莱维 (Paul Pierre Lévy) 的建议下, 2006 年高斯 (Gauss) 奖得主日本数学家、角谷静夫的同事伊藤清 (Kiyoshi Itô) 从微观的角度重新研究了扩散过程的构造问题. 1944 年他率先对布朗运动引进了以他的名字命名的伊藤随机积分, 1951 年又引进了变元替换的伊藤公式, 从而开创了随机分析这个崭新的数学分支.

以后布朗运动的研究者纷至沓来, 有关文献汗牛充栋, 蔚为大观, 其中尤以莱维的工作最丰富最深刻. 莱维称得上是 20 世纪最伟大的数学家之一, 与柯尔莫哥洛夫一起, 被视为现代随机过程理论的先驱.

后来在现代金融数学中用与布朗运动相关的数学模型来描述股票价格行为成为相关领域研究学者们不断探索的方向, 其中最著名的是美国经济学家费希尔·布莱克 (Fischer Black) 和迈伦·斯科尔斯 (Myron Scholes) 以及罗伯特·默顿 (Robert Merton) 的期权定价模型. 他们用几何布朗运动描述股票价格, 由此得到了欧式期权的定价公式, 引发了 "第二次华尔街革命", 默顿和斯科尔斯因此获得了 1997 年的诺贝尔 (Nobel) 经济学奖.

定义格林函数或预解密度

$$G(x, y) = \int_{-\infty}^{+\infty} p_t(x, y) \mathrm{d}t.$$

不难验证, 当 $d=1,2$ 时积分发散, 当 $d \geqslant 3$ 时

$$G(x,y) = \frac{\Gamma\left(\dfrac{d}{2}-1\right)}{2\pi^{\frac{d}{2}}} |x-y|^{2-d},$$

忽略前面的系数, 这正是物理中的牛顿位势 (一维对应 $|x-y|$, 二维对应对数位势 $\log|x-y|$).

定义 10 (1) 若对任意的初始位置 x 和状态 a,

$$P(\{t>0: X_t = a\}\text{无界}|X_0 = x) = 1,$$

则称马尔可夫过程 X_t 为点常返的, 否则称 X_t 为点暂留的.

(2) 若对任意的初始位置 x 和开集 A,

$$P(\{t>0: X_t \in A\}\text{无界}|X_0 = x) = 1,$$

则称马尔可夫过程 X_t 为 (区域) 常返的, 否则称 X_t 为 (区域) 暂留的.

利用格林函数可以证明, 对一维布朗运动, 它是点常返的, 即过程以概率 1 可以无穷次返回任何点, 对二维布朗运动, 它不是点常返, 但是区域常返的, 即过程以概率 1 可以无穷次返回任何开集, 对三维以及更高维的布朗运动, 它没有任何常返性.

6.6 莱维飞行

除了著名的布朗运动, 还有一类有趣的马尔可夫过程值得引起我们的兴趣: "莱维飞行" (Lévy flight) (又称 "莱维行走" (Lévy walk)). 它由莱维的学生波兰数学家伯努瓦·曼德布罗 (Benoît B. Mandelbrot) 提出命名, 指的是步长的概率分布为一类称为莱维分布 (Lévy distribution) 的重尾分布 (heavy-tailed distribution) 的随机游走, 也就是说在随机游走的过程中有相对较高的概率出现大 "跨步".

具体来说, 莱维分布的概率密度函数为

$$f(x; \mu, \sigma) = \sqrt{\frac{\sigma}{2\pi}} \frac{\mathrm{e}^{-\frac{\sigma}{2(x-\mu)}}}{(x-\mu)^{\frac{3}{2}}} \quad (x > \mu),$$

其中 μ 是位置参数 (location parameter), $\sigma > 0$ 是标度参数 (scale parameter), 数值越大分布越分散. 莱维分布的特征函数为

$$\varphi(u; \mu, \sigma) = \mathrm{e}^{\mathrm{i}\mu u - \sqrt{\sigma|u|}(1 - \mathrm{i} \cdot \mathrm{sign}(u))}.$$

它是一类更广的反伽马分布 (inverse-Gamma distribution) 的一种特殊情况, 具有肥尾 (fat-tailed distribution) 性:

$$\lim_{x \to +\infty} f(x; \mu, \sigma) \approx \sqrt{\frac{\sigma}{2\pi}} \frac{1}{x^{\frac{3}{2}}}.$$

对更一般的 α 阶稳定分布 (stable distribution, $0 < \alpha \leqslant 2$), 其特征函数为

$$\varphi(u; \mu, \sigma; \alpha, \beta) = \begin{cases} \mathrm{e}^{\mathrm{i}\mu u - (\sigma|u|)^{\alpha}(1 - \mathrm{i}\beta \mathrm{sign}(u) \tan(\frac{\pi\alpha}{2}))}, & \alpha \neq 1, \\ \mathrm{e}^{\mathrm{i}\mu u - \sigma|u|(1 + \mathrm{i}\beta \mathrm{sign}(u) \frac{2}{\pi} \log|u|)}, & \alpha = 1, \end{cases}$$

其中 $\sigma > 0$, $-1 \leqslant \beta \leqslant 1$. 特别 $\alpha = \dfrac{1}{2}$ 且 $\beta = 1$ 对应莱维分布, $\alpha = 1$ 且 $\beta = 1$ 对应柯西分布 (Cauchy distribution, 也属于肥尾分布), $\alpha = 2$ 对应正态分布 (属于细尾分布 (thin-tailed distribution)).

定义 11 α 阶稳定过程或莱维运动 (Lévy motion) X_t 为初值为零的平稳独立增量过程, 对任意的 $0 \leqslant s < t$, $X_t - X_s$ 服从 α 阶稳定分布, 其特征函数为

$$E(\mathrm{e}^{\mathrm{i}u(X_t - X_s)}) = \mathrm{e}^{-(t-s)\varphi(u; \mu, \sigma; \alpha, \beta)}.$$

通常我们均假设 $\mu = 0$, 此时称 X_t 为严格稳定过程, 再若 $\beta = 0$, 该过程具有 $\dfrac{1}{\alpha}$ 阶自相似 (self-similar) 性, 即对任意的 $c > 0$, 随机过程 $c^{-\frac{1}{\alpha}} X_{ct}$

与 X_t 有相同的有限维分布函数族, 此时称 X_t 为对称稳定过程. 特别 $\alpha = \dfrac{1}{2}$ 且 $\beta = 1$ 时称为莱维飞行, $\alpha = 1$ 且 $\beta = 1$ 时称为柯西飞行 (Cauchy flight), $\alpha = 2$ 时称为瑞利飞行 (Rayleigh flight), 即 $\sqrt{2}$ 倍的布朗运动.

对于一般稳定过程的转移概率满足的福克尔-普朗克方程 (Fokker-Planck equation)[①], 要用一种含有拉普拉斯算子的分数次导数的方程来描述, 这里就不详细介绍了.

观察如下布朗运动和莱维飞行的图像 (图 5), 尽管布朗运动是随机的, 但它更多的轨迹集中在某一区域, 而相较于布朗运动, 莱维飞行则用更少的距离和步数覆盖了更大的面积, 这对于现实中探索未知而言更有用.

布朗运动   莱维飞行

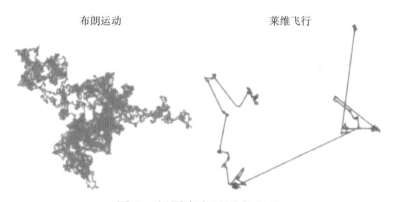

图 5   插图来自于网文 [11]

莱维飞行的定义源于与混沌理论相关的数学, 可用于随机或伪随机自然现象的随机测量和模拟. 例子包括地震数据分析、金融数学、密码学、信号分析以及在天文学、生物学和物理学中的许多应用.

举个生物学中的有趣例子: 我们打苍蝇的正确姿势是怎样的? 静静地等待苍蝇落在某个地方, 然后悄悄地举起苍蝇拍, 以迅雷不及掩耳之

---

① 又叫柯尔莫哥洛夫向前方程 (Kolmogorov forward equation).

势飞速挥击，这似乎是消灭苍蝇唯一可行的方法. 如果我们没有耐心等待苍蝇降落，想要在空中将其潇洒地击落，那么一般是不会成功的.

观察莱维飞行的图像，它会随机选取图形有转折的地方，然后把这块地方放大，而且无论它放大多少倍，看起来还是跟原来的图形相类似. 苍蝇的飞行就类似于此，常规飞行状态下的苍蝇的飞行速度其实并不快，但是即使苍蝇飞在面前，甚至停靠在手上，它的行动轨迹却矫若游龙、翩若惊鸿直至无法预测 (对方根本无招，如何可破？). 花粉运动依旧有迹可循，而苍蝇飞行却如神龙见首不见尾，生物所表现出的数学才能超乎我们的想象力.

科学家还发现，许多掠食者在食物较为充足的时候，采用的是布朗运动的觅食方式. 但是，当食物较为匮乏时，它们的觅食轨迹就会逐渐转为莱维飞行. 之所以产生这种转变，正如前面分析的那样，莱维飞行的搜索效率远比布朗运动要高得多.

2018 年，《行为过程》(*Behavioural Processes*) 杂志刊登 P. Anselme, T. Otto 和 O. Güntürkün 的文章 "觅食动机有助于莱维行走的发生" (Foraging motivation favors the occurrence of Lévy walks)，作者认为只要觅食者有很高的动机去寻找食物，那么莱维飞行可以为它们在不可预知的环境中提供更多的优势. 事实上股票的短期走势同样也具有明显的莱维飞行特征. 近些年通过对人类的移动数据 (通话记录、出租车等) 的挖掘，我们惊奇地发现人类的移动模式也和莱维飞行高度吻合. 也就是说，虽然我们每个人急功近利地去追求自己的目标，但在宏观的尺度上，我们和动物没什么区别.

6.7 更多展望

2022 年 1 月，有消息称在近期发表于《物理评论 X》(*Physical Review X*) 杂志上的一篇论文中，两位以色列研究人员 Yonadav Barry Ginat 及其导师 Hagai Perets 宣称自英国物理学家艾萨克·牛顿 (Isaac Newton)

时代以来一直困扰科学界的一个物理问题即将被解决. 他们采用 "醉汉走路" 的随机游走模式, 计算了三个巨大天体之间在万有引力作用下的运动规律, 即所谓的 "三体问题" (关于 "三体问题" 的有趣描述, 不妨参看中国作家刘慈欣的长篇科幻作品《三体》).

本质上, "三体问题" 涉及的原理与随机游走相同. 实际上, 每次近距离碰撞后, 其中一颗恒星都会被随机抛出, 而这种模式可以类比为醉汉走路: 一颗恒星被随机弹射、返回, 另一颗 (或同一颗恒星) 以不同的随机方向弹射 (类似于醉汉的脚步), 以此类推, 直到这颗恒星被完全驱逐, 就像醉汉跌进沟里之后一样, 不会再返回. 谁能想到, 一个醉汉摇摇晃晃的走路姿势可以解释物理学中一些最基本但又困难的问题? 不过对于 "三体问题" 的最终解决, 这虽然是向前迈出的一大步, 但这肯定不是终点.

即使是最简单的马尔可夫过程——"随机游走", 与之相关的很多深刻的数学物理问题仍亟待解决. 例如 2022 年的菲尔兹 (Fields) 奖获得者法国数学家雨果·迪米尼-科潘 (Hugo Duminil-Copin) 的成名作就是和他导师 2010 年菲尔兹奖获得者俄罗斯数学家斯坦尼斯拉夫·斯米尔诺夫 (Stanislav Konstantinovich Smirnov) 一起确定了在蜂巢 (正六边形) 格点上的自回避 (self-avoiding, 即游走过程中不能有交叉) 随机游走的连接常数 (connective constant) 的具体数值. 证明这个连接常数的存在性并不困难, 但要确定出具体数值就异常地困难. 他们用了不同于荷兰统计物理学家伯纳德·尼恩胡斯 (Bernard Nienhuis) 的不严格方法, 数学上严格证明了这个常数就是物理学家猜出来的结果, 并发表在了2012 年的《数学年刊》(*Annals of Mathematics*) 上, 文章非常短小精悍, 核心证明也就四页, 同时也提出了一些猜想 (被 2019 年沃尔夫 (Wolf) 奖得主美国数学家格里高利·劳勒 (Gregory F. Lawler) 解决). 但是其他类型格点的连接常数, 比如正方形格点和三角格点, 都还是公开问题.

我们生活在一个充满不确定性的世界, 要想理解这个世界运行的规律, 我们必须学习概率, 理解随机. 概率是对未知的洞察, 无论是赌博炒股, 还是探索宇宙的奥秘 (也许上帝也在掷骰子?), 我们的行为均离不开概率的支配. 而又正是因为有了概率论这个工具, 我们才能发现, 这个复杂的世界其实又是可以被理解的, 或者这也验证了一个哲学命题: 随机性和确定性是对立统一的一对矛盾.

 参 考 文 献

[1] Borovkov A, Borovkov K. Asymptotic Analysis of Random Walks. Cambridge: Cambrdge University Press, 2008.

[2] Ibe O. Elements of Random Walk and Diffusion Processes. Wiley, 2013.

[3] Lawler G, Limic V. Random Walk: A Modern Introduction. Cambridge: Hoboken NJ, 2010.

[4] Lawler G. Random Walk and the Heat Equation. Providence RI: American Mathematical Society, 2010.

[5] Montroll E, Shlesinger M. On the wonderful world of random walk// Lebovitz J, Montroll E. eds. Studies in Statistical Mechanics, Vol.11. Amsterdam: Noth-Holland, 1984.

[6] Pickover C. The Math Book: From Pythagoras to the 57th Dimension, 250 Milestones in the History of Mathematics. New York: Sterling, 2012.

[7] Shi Z (施展). Branching Random Walks, Lecture Notes in Mathematics 2151. Cham Springer, 2015.

[8] Spitzer F. Principles of Random Walk. 2nd ed. New York, Heidelberg: Springer-Verlag, 1976.

[9] Telcs A. The Art of Random Walks. Lecture Notes in Mathematics 1885, Berlin: Springer, 2006.

[10] 陈大岳. 随机游动 (应用随机过程补充讲义之一), 2008.

[11] "大科技" 微信公众号. 苍蝇: 没想到吧, 我也懂高等数学, 2022.

[12] 乔治·伽莫夫. 从一到无穷大: 科学中的事实和臆测. 暴永宁, 译. 北京: 科学出版社, 2002.

[13] 列纳德·蒙洛迪诺. 醉汉的脚步: 随机性如何主宰我们的生活. 郭斯羽, 译. 北京: 中信出版社, 2020.

7 自己能抗干扰的控制方法

薛文超

我们在生活中一般都希望与自己有关的事情是处于可控制的范围,否则就会有很多的混乱与不可预测性. 经常能在媒体上看到这样的表述"事态失去了控制", "汽车失去了控制", 这时候不好的后果常常会出现. 同时, 由于内因或者外因等, 如何控制好所关心的事情往往不是很容易. 关于控制, 有专门的学科——控制论进行研究, 维纳是这门学科的主要奠基人. 1948 年维纳的《控制论——或关于在动物和机器中控制和通信的科学》出版, 被认为是控制论诞生的标志.

控制论是应用数学的一个分支, 有着广泛的应用, 与自动化密不可分. 在这个分支中, 我国学者韩京清先生①在 1998 年提出的自抗扰控制方法独具特色[1], 思想深刻, 把数学之简美和工程之实用融合在一起, 使得控制器自己自然地具有了对付复杂扰动的能力, 在学术界和工业界都产生了很大的影响.

本文将通过讨论飞机上升/下降过程中的迎角控制问题介绍自抗扰控制的思想及方法.

---

① 韩京清 (1937—2008), 中国科学院数学与系统科学研究院研究员, 我国著名控制学者.

7.1 飞机在飞行中迎角控制的配平问题

7.1.1 问题的描述

飞机在飞行时, 需要控制飞机抬头/低头的角度实现飞机位置的上升/下降, 我们在乘坐飞机时能明显感受到这样的过程, 这个角度称为迎角. 迎角控制是飞行控制的最基本问题[2], 它与飞机安全上升或下降到预定高度有密切的关系, 迎角控制系统的失效甚至会导致空难的发生[3], 其重要性不言而喻.

飞机的迎角显然是时间 t 的函数, 记作 $x_1(t)$. 类似于位置的导数是速度, $x_1(t)$ 的导数就是角速度, 记作 $x_2(t)$. 而类似于速度的导数是加速度, $x_2(t)$ 的导数就是角加速度. 根据牛顿第二定律, 角加速度等于力矩除以转动惯量. 由于在迎角控制中关心的是力矩除以转动惯量得到的量, 所以下文提到的力矩就指的是力矩除以转动惯量之后的量.

在飞行过程中, 和角速度相关的力矩有两部分:

第一部分是可以人为设计的力矩, 称为控制力矩, 由舵偏增益系数和舵偏角相乘得到. 舵偏角是可以设计的输入变量, 我们把它记作 $u(t)$. 在飞机尾部上有能上下转动的片状物体就是舵, 其转动的角度就是舵偏角. 转动一个单位的舵偏角可以产生多少单位的力矩就是舵偏增益系数, 我们把它记作 $b(t)$. 这样, 这部分可以设计的量就为 $b(t)u(t)$.

第二部分是无法设计的力矩, 称为干扰力矩. 干扰力矩依赖于迎角、角速度、风干扰等因素, 其实时值在飞行中不能测量得到, 具有不确定性. 我们已经引入迎角的记号 $x_1(t)$ 和角速度的记号 $x_2(t)$, 再把风干扰记为 $w(t)$, 那么干扰力矩就是 $x_1(t)$, $x_2(t)$ 和 $w(t)$ 的函数, 记作 $f(x_1(t), x_2(t), w(t))$.

我们前面提到, 迎角 $x_1(t)$ 的导数 $\dot{x}_1(t)$ 就是角速度 $x_2(t)$, 而角速度 $x_2(t)$ 的导数 $\dot{x}_2(t)$ 是由两部分力矩组成. 将刚才的讨论写成数学模型,

就得到如下两个等式:

$$\begin{cases} \dot{x}_1(t) = x_2(t), \\ \dot{x}_2(t) = f(x_1(t), x_2(t), w(t)) + b(t)u(t), \end{cases} \qquad t \geqslant 0. \qquad (1)$$

为了使得迎角 $x_1(t)$ 保持在一个期望值, 必须使得角速度 $x_2(t)$ 为 0, 进而必须使得角速度的导数, 即 $(f(x_1(t), x_2(t), w(t)) + b(t)u(t))$, 也为 0. 这样, 就要求我们设计控制力矩 $b(t)u(t)$ 产生一个与干扰力矩 $f(x_1(t), x_2(t), w(t))$ 大小相等、符号相反的力矩, 即平衡力矩 (如图 1 所示), 从而使得干扰力矩不影响角速度和迎角的变化, 这就是飞机迎角控制中的配平问题[2].

图 1   飞机迎角控制中的配平问题

解决飞机迎角控制中配平问题的关键是在飞行中实时获得干扰力矩的值, 但由于风洞实验不能完全模拟实际飞行以及实际中风具有随机性等, 因此 $f(x_1(t), x_2(t), w(t))$ 的函数形式和实时值难以获得, 这对飞行器迎角控制的配平问题带来了极大的难度, 尤其是在高速下飞行的情况.

7.1.2   理想的飞行器迎角控制律

对于控制力矩 $(b(t)u(t))$ 而言, 舵偏增益系数 $b(t)$ 通常不能人为改变, 因此设计控制力矩就是设计舵偏角 $u(t)$, 而 $u(t)$ 的数学表达形式通常称为控制律. 将迎角 $x_1(t)$ 需要跟踪的期望值记作 r^*, 在理想的情况下, 即可以获得 $f(x_1(t), x_2(t), w(t))$ 精确值的情况下, 就能得到理想控制律的数学表达式:

$$u(t) = -\frac{f(x_1(t), x_2(t), w(t))}{b(t)} + \frac{u_0(t)}{b(t)}, \quad t \geqslant 0. \tag{2}$$

容易发现, 控制律 (2) 由两部分组成:

• 第一部分 $-\dfrac{f(x_1(t), x_2(t), w(t))}{b(t)}$ 为平衡力矩, 其目的就是使得舵偏角产生一个与干扰力矩大小相等、方向相反的力矩, 这样使得干扰力矩不再影响角速度变化.

• 第二部分 $\dfrac{u_0(t)}{b(t)}$ 为针对抵消干扰力矩后的系统, 即 $\ddot{x}_1(t) = u_0(t)$, 设计的反馈控制部分[4]. 设计 $u_0(t)$ 的主要目的是在迎角初始值 $x_1(0)$ 不等于期望值 r^* 的情况下, 使得迎角 $x_1(t)$ 能够逐渐趋近期望值 r^*, 即让系统具有一定的稳定性.

7.1.3 传统方法: 依靠离线实验建立干扰力矩模型

传统方法获取配平力矩的主要思路为基于模型的方式: 先通过大量离线实验获得干扰力矩函数形式的估计 (通常为表格形式), 再利用该函数形式得到每一次实际飞行过程中干扰力矩的实时值.

具体步骤为: ① 离线在各种不同迎角、速度等飞行条件下进行风洞实验, 记录下实验中的迎角、角速度、风以及干扰力矩等数据; ② 利用这些数据和建模及辨识方法, 对干扰力矩函数形式, 即 $f(x_1(t), x_2(t), w(t))$ 的形式进行估计; ③ 将当前飞行过程中迎角、速度等的实时值代入已估计得到的干扰力矩函数中得到当前干扰力矩的估计值, 如图 2 所示.

然而, 由于实验条件和物理认知总是有限的, 对于一些极端飞行条件, 比如高超声速飞行等, 难以获得相应的飞行数据, 进而不能完成有效的建模和参数辨识. 更为困难的是在一些飞行条件下干扰力矩 $f(x_1(t), x_2(t), w(t))$ 为复杂的非线性函数, 而非线性函数辨识理论的研究本身存在较大困难.

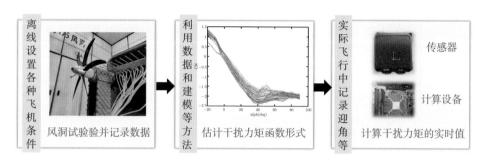

图 2 传统基于模型的干扰力矩计算过程

另外, 我们还需要注意即便利用实验数据获得了干扰力矩函数的形式, 仍然解决不了的问题就是该函数的形式会发生变化, 利用过去数据所建立的函数形式永远存在不确定性. 因此, 基于传统建模和辨识的方法设计控制律是一条很费力的途径, 难以有效解决飞机迎角控制的配平问题.

7.1.4 自己能抗干扰的控制: 在线估计干扰力矩实时值

韩京清先生在他提出自抗扰控制的文章里表述了一个新奇的想法[1]: 通过观察系统 (1) 和控制律 (2) 可知, 控制律的设计不用关心干扰力矩 $f(\cdot)$ 的具体函数形式, 而只需在每一次飞行中实时估计出 $f(\cdot)$ 的值就行. 在当时, 控制理论的状态观测器方法是专门针对系统状态的估计问题提出, 但是其只对系统 (1) 的状态 $(x_1(t), x_2(t))$ 进行估计. 韩京清先生认为 $f(x_1(t), x_2(t), w(t))$ 从信号的角度完全可以作为一个整体, 开创地提出了同时估计原始状态 $(x_1(t), x_2(t))$ 和干扰力矩 $f(x_1(t), x_2(t), w(t))$ 的数学模型, 称为扩张状态观测器, 这是自抗扰控制的核心思想.

用函数 $\hat{x}_1(t)$ 表示迎角 $x_1(t)$ 的估计值, 函数 $\hat{x}_2(t)$ 表示角速度 $x_2(t)$ 的估计值, 以及函数 $\hat{f}(t)$ 表示干扰力矩 $f(x_1(t), x_2(t), w(t))$ 的估计值. 扩张状态观测器的数学模型给出了这三个函数导数, 即 $\dot{\hat{x}}_1(t)$, $\dot{\hat{x}}_2(t)$ 和 $\dot{\hat{f}}(t)$ 的表达式. 通过导数的表达式及微分方程的一些知识, 就可以实时计算得到 $\hat{x}_1(t)$, $\hat{x}_2(t)$ 和 $\hat{f}(t)$ 的值. 扩张状态观测器的典型形式如下[5]:

$$\begin{cases} \dot{\hat{x}}_1(t) = \hat{x}_2(t) - 3\omega(\hat{x}_1(t) - x_1(t)), \\ \dot{\hat{x}}_2(t) = \hat{f}(t) - 3\omega^2(\hat{x}_1(t) - x_1(t)) + b(t)u(t), \quad t \geqslant 0. \qquad (3) \\ \dot{\hat{f}}(t) = -\omega^3(\hat{x}_1(t) - x_1(t)), \end{cases}$$

其中 ω 为一个待调节的正常数, 代表了扩张状态观测器的带宽. 带宽调节得越大, 可使估计速度越快, 但是对量测噪声的滤波等作用越弱. 带宽调节得越小, 估计速度越慢, 但是对量测噪声的滤波作用越好. 实际中, 需要综合多种性能来完成 ω 的调节.

根据扩张状态观测器所提供的干扰力矩估计值 $\hat{f}(t)$, 可设计如下实际中能实现的控制律 (4) 来代替理想的控制律 (2), 即自抗扰控制律

$$u(t) = -\frac{\hat{f}(t)}{b(t)} + \frac{u_0(t)}{b(t)}, \quad t \geqslant 0. \qquad (4)$$

与传统基于模型的方法完全不同, 自抗扰控制并不关心干扰力矩函数 $f(\cdot)$ 的形式, 而是直接设计扩张状态观测器估计干扰力矩在当前时刻的值 $f(x_1(t), x_2(t), w(t))$.

如图 3 所示, 可以将扩张状态观测器看作是一个数字天平, 用来实时 "称重" 干扰力矩, 得到它的实时的 "质量", 在这个过程中并不关心干扰力矩内部由什么 "组成". 自抗扰控制方法通过设计扩张状态观测器实现了干扰力矩的实时估计和补偿, 从而使得控制律自身自然地具有了抗干扰的能力.

称重干扰力矩的 "天平": 扩张状态观测器

不关心干扰力矩的函数形式, 只需关心干扰力矩当前时刻的值

干扰力矩当前时刻的 "总质量"　　　具有复杂 "成分" 的干扰力矩

图 3　自抗扰控制的干扰力矩估计算法: 构造实时 "称重" 干扰力矩的天平

7.1.5 仿真结果展示

不妨考虑如下三种情况下的干扰力矩:

情况 1: $f(x_1(t), x_2(t), w(t)) = 4x_1(t);$

情况 2: $f(x_1(t), x_2(t), w(t)) = 4x_1(t) + 20(\mathrm{sign}(t-5) + 1);$

情况 3: $f(x_1(t), x_2(t), w(t)) = 4x_1(t) + 0.1x_1(t)x_2(t).$

其中 $\mathrm{sign}(\cdot)$ 为符号函数, 当其自变量为负时, 函数值为 -1, 当其自变量为正时, 函数值为 1, 当自变量为 0 时, 函数值为 0.

显然, 干扰力矩在上述三种情况下的函数形式互不相同: 第一种情况是线性函数; 第二种是不连续函数; 第三种是非线性函数. 如果采用传统基于模型的方法, 需要利用离线实验辨识出在什么条件下干扰力矩对应于哪种函数形式, 然后才能完成配平力矩的计算. 显然, 这需要额外的数据和时间进行模型分类和参数辨识.

如果采用自抗扰控制设计, 只需要设计一个扩张状态观测器在飞行中实时估计出当前干扰力矩的实时值即可. 由图 4 可知, 尽管对于三种不同情况的干扰力矩, 其函数形式均不同, 但是采用同一个带宽为 $\omega = 10$ 的扩张状态观测器, 对三种情况下的干扰力矩实时值都有较高精度的估计.

7.1.6 扩张状态观测器的典型理论结果

前面已经讨论了自抗扰控制中的扩张状态观测器的设计思想和典型形式. 下面我们再给出扩张状态观测器的典型理论结果, 以说明其基本特性:

引理 1[6] 考虑系统 (1) 和扩张状态观测器 (3), 假设 $f(\cdot)$ 关于时间 t 的导数存在上界, 则存在常值 γ 使得

$$|x_1(t) - \hat{x}_1(t)| + |x_2(t) - \hat{x}_2(t)| + |\hat{f}(t) - f(x_1(t), x_2(t), w(t))| \leqslant \gamma \frac{1}{\omega},$$

$$\forall t \in \left[\max\left\{\frac{\ln \omega}{\omega}, 0\right\}, \infty\right).$$

由上面的结果可以看出, 对于一般牛顿力学描述的动力学系统 (1), 在扰动变化有界的条件下, 可以设计扩张状态观测器使其估计误差在较短的时刻后收敛到较小的范围[①], 而该时刻和范围均可由扩张状态观测器的带宽 ω 来调节. 引理 1 的理论结果与图 4 所展示的结果具有一致性.

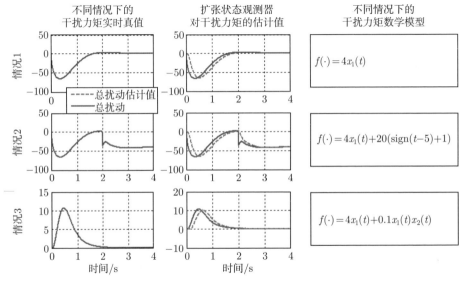

图 4　扩张状态观测器对不同干扰力矩的估计情况

综上, 自抗扰控制的核心部分——扩张状态观测器的设计动机来自于对实际控制问题的理解, 设计结构来自于现代控制理论的观测器, 而其理论基础来自于微分方程的基本理论. 扩张状态观测器结构简单, 参数物理意义清晰, 使其具有工程实践的实用性, 而其理论结果可以完全说明其估计误差与其参数之间的明确关系. 所以, 扩张状态观测器是现代控制理论与实际工程需求交汇的一个典型成果.

---

① 容易验证 $\lim\limits_{\omega \to \infty} \frac{1}{\omega^{4-i}} = 0, i = 1, 2, 3$ 和 $\lim\limits_{\omega \to \infty} \max\left\{\frac{\ln \omega}{\omega}, 0\right\} = 0.$

7.2 飞机迎角控制的最速跟踪问题

7.2.1 问题的提出

我们依然以上一节中提到的飞机姿态角控制系统 (1) 为例. 假设扩张状态观测器对干扰力矩估计误差很小以至于可以忽略, 则利用自抗扰控制律 (4) 可得到迎角在每个时刻的值, 用函数 $x_1^*(t)$ 来表示, 通常将其称为期望的迎角轨迹. 类似地, 用函数 $x_2^*(t)$ 表示此时角速度在每个时刻的值, 即 $x_1^*(t)$ 的导数, 将其称为期望的角速度轨迹. 而根据前文所述, $x_2^*(t)$ 的导数此时等于自抗扰控制律 (4) 中的反馈控制部分, 即 $u_0(t)$. 将上述讨论写成数学表达式, 得到

$$\begin{cases} \dot{x}_1^*(t) = x_2^*(t), \\ \dot{x}_2^*(t) = u_0(t), \end{cases} \quad t \geqslant 0. \tag{5}$$

在 7.1.2 节中我们说明了 $u_0(t)$ 的主要目的是在迎角初始值不等于期望值 r^* 的情况下, 使迎角能够逐渐趋近期望值 r^*. 具体可如图 5 所示: 考虑飞机在初始时刻 (0 时刻) 的迎角并不等于期望值 r^* 的情况, 则需要设计 $u_0(t)$ 使得在某一个时刻, 即终端时刻 (记为 t_f) 有迎角等于期望值以及角速度等于 0, 这样就能使迎角在 t_f 时刻之后一直保持为期望值.

不妨将 $u_0(t)$ 视为一个 (等效的) 舵偏角, 则舵偏角总是通过舵摆动等实际物理机件实现, 通常可以合理地认为 $u_0(t)$ 在 $t \in [0, t_f]$ 这个区间上为分段连续函数, 并且舵偏角存在幅值最大值 (限幅), 不妨记作 λ. 这样, $u_0(t)$ 只能从上述描述的集合中选取. 将这个集合记作为 U, 则得到数学表达式

$u_0(t) \in U$

$= \{[t_0, t_f]$ 上的有界分段连续函数, 并且函数的绝对值小于等于$\lambda\}$. (6)

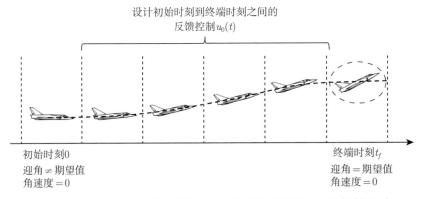

设计初始时刻到终端时刻之间的
反馈控制$u_0(t)$

初始时刻0
迎角 ≠ 期望值
角速度 = 0

终端时刻t_f
迎角 = 期望值
角速度 = 0

图 5   设计 $u_0(t)$ 使得在终端时刻等于期望值并之后保持下去

尽管实现图 5 过程的 $u_0(t)$ 和 t_f 有很多, 但是工程需求常常为飞机能尽可能快地达到期望值并保持下去, 即需要从集合 U 中挑出一个 $u_0(t)$ 使其产生的 t_f 最小. 我们将最小的 t_f 记为 t_f^*, 用数学公式表达上述过程, 即为

$$t_f^* = \min\{t_f | x_1^*(t_f) = r^*, x_2^*(t_f) = 0\}, \tag{7}$$

其中 $\min\{t_f\}$ 的意思为从所有满足条件的 t_f 中找出最小值. 将 t_f^* 对应的 $u_0(t)$ 称为最速控制输入, 记为 $u_0^*(t)$. 求解 $u_0^*(t)$ 的问题就是飞机迎角的最速跟踪问题.

7.2.2　最速控制输入设计

首先, 我们需要说明飞机迎角的最速跟踪问题中并不仅仅要求迎角最快到达期望值, 而是需要飞机迎角最快达到期望值并且此时角速度还要等于 0.

如图 6 所示, 尽管飞机的轨迹-1 相对于轨迹-3 更早地 (t_1 时刻) 实现迎角等于期望值 (蓝色虚线圈所示), 但是由于 t_1 时刻轨迹-1 的角速度不等于 0, 因此 t_1 时刻不能成为终端时刻.

类似地, 尽管飞机的轨迹-2 相对于轨迹-3 更早地 (t_2 时刻) 实现角速度等于 0 (蓝色虚线圈所示), 但是由于 t_2 时刻轨迹-2 的迎角不等于期望值, 因此 t_2 也不能成为终端时刻. 而对于轨迹-3, 在 t_3 时刻迎角和角速度都达到了期望值, 因此 t_3 时刻可以作为一个终端时刻.

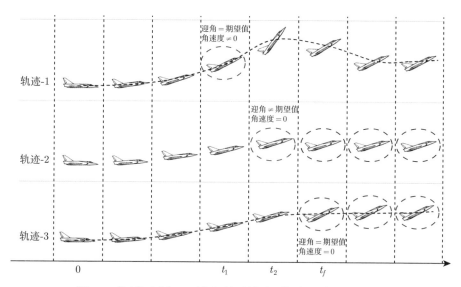

图 6 终端时刻 t_f: 迎角达到期望值并且角速度为 0

如下引理给出最速控制问题 (5)—(7) 的解表达形式.

引理 2[7] 考虑最速控制问题 (5)—(7), 其最优控制输入为

$$u_0^*(t) = -\lambda \mathrm{sign}\left(x_1^*(t) - r^* + \frac{x_2^*(t)|x_2^*(t)|}{2\lambda}\right), \quad t \geqslant 0, \qquad (8)$$

其中符号函数 $\mathrm{sign}(\cdot)$ 的含义同 7.1.5 节. 由于符号函数 $\mathrm{sign}(\cdot)$ 是切变的形式, 从而最优控制输入设计 $u_0^*(t)$ 也是一种切变的信号, 并且其取值要么是正的最大值, 要么是负的最小值, 因此最优控制输入设计 (8) 也被学者形象地称为 Bang-Bang 控制. 同时, 我们也发现该最优控制输入设计 $u_0^*(t)$ 仅仅与状态变量相关, 也就是只要根据当前时刻的角度和角速度就能得到此时的最优控制输入值.

引理 2 的主要部分在 20 世纪 60 年代均已完成[8]. 韩京清先生是国内最早从事最速控制的学者之一. 1962 年初, 随着现代控制理论在国际间的崛起, 当时如何解决最速控制综合问题是学者们关注的重要问题. 韩京清先生与宋健先生两人合作发表的论文[7], 明确地给出了这个问题的答案, 并进一步给出了变系数线性最速控制综合问题求解的具体方法.

7.2.3 仿真结果展示

我们考虑飞机迎角的期望值为 $r^* = 20$ 度的情况, 并且给出舵偏角最大范围 λ 在如下三种情况下

$$\lambda = 10 \text{ 度}, \quad \lambda = 2 \text{ 度}, \quad \lambda = 3 \text{ 度} \tag{9}$$

的迎角期望轨迹 $x_1^*(t)$, 角速度期望轨迹 $x_2^*(t)$, 以及最速的控制输入 (舵偏角) $u_0^*(t)$.

如图 7 的左上子图所示, 舵偏角限幅 λ 越大, 其迎角轨迹 $x_1^*(t)$ 到达期望值的时刻越早, 这也是与实际相符合, 即舵偏角限幅越大意味着控制能力越强, 使得迎角可以更快到达期望值. 同时, 可以发现最优控制输入的形式非常类似, 就是均为 bang-bang 的切换, 并且都发生了 1 次正负号之间的切换 (图 7 的左下子图), 而这样的控制输入在实际工程中也较容易通过物理机件实现.

此外, 从图 7 的右上图所示, 角速度轨迹的值均为先增大再减小, 并且舵偏角限幅 λ 越大, 角速度轨迹的变化范围越大. 这个现象也可以通过下面一个简单的跑步游戏来理解. 游戏的规则是从出发点最快跑到前方的指定点, 但是不能越过指定点. 显然, 我们如果想要最快到达指定点, 需要先最大加速, 尽可能快速地跑起来, 然后到某一个时候后再减速, 最后在指定点时刚好速度减小为 0. 而最优控制输入 $u_0^*(t)$ 就是告诉我们应该在什么时候开始减速.

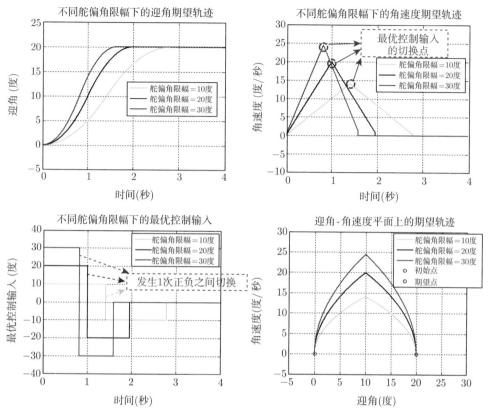

图 7　不同舵偏角限幅下的理想轨迹

7.2.4　利用最速控制输入设计构造最速跟踪微分器

将最速控制输入 u_0^* 的表达式 (7) 代入到系统 (5), 得到的 $x_1^*(t)$ 和 $x_2^*(t)$ 分别代表了在舵偏角输入限幅为 λ 下最快到达期望值的期望迎角轨迹和角速度轨迹. 显然, 这样的轨迹具有明确的物理意义, 是实际中追求的轨迹. 此外, 这样的期望轨迹还带来另一个好处: 在迎角期望值 r^* 变成一个时变函数时, 可将 $x_2^*(t)$ 作为其导数的估计值, 而已有文献也表明当 r^* 中含有随机高频的噪声时, $x_2^*(t)$ 可以实现对随机高频噪声的过滤, 对所关心的微分信号进行较高精度跟踪.

韩京清先生将生成上述生成期望迎角轨迹 $x_1^*(t)$ 和最优角速度轨迹 $x_2^*(t)$ 的系统命名为最速跟踪微分器[9], 其数学形式为

$$
\begin{cases}
\dot{x}_1^* = x_2^*, \\
\dot{x}_2^* = -\lambda\,\mathrm{sign}\left(x_1^*(t) - r^* + \dfrac{x_2^*(t)|x_2^*(t)|}{2\lambda}\right),
\end{cases}
\quad t \geqslant 0. \qquad (10)
$$

此外, 由于实际中控制律为离散形式出现, 因此韩京清先生与其合作者还给出了跟踪微分器的离散形式[9], 目前也是实际工程使用的最常见形式. 尽管离散形式和连续形式的跟踪微分器不完全等同, 但是其结构类似以及物理意义相同, 本文不再叙述.

综上, 韩京清先生在系统最速控制问题方面得到了简美的结果, 而利用这样的结果进一步建立了跟踪微分器, 可用于得到系统的期望轨迹 (指令信号), 以及用于提取信号的微分, 因此跟踪微分器是基于实际需求建立简美数学理论, 并灵活应用于解决实际问题的典型代表.

7.3 从数学之美与工程之用理解自抗扰控制

上面飞机迎角控制的例子表明了自抗扰控制中扩张状态观测器和跟踪微分器的提出动机来自于实际需求, 同时其理论及设计的基础来自于控制理论. 从韩京清先生本人的学术经历也可以感受到自抗扰控制的诞生是数学之美与工程之用的结合.

韩京清先生本科毕业于吉林大学数学系, 曾经赴苏联莫斯科大学数学力学系留学, 工作经历均在中国科学院数学与系统科学研究院.

他于 20 世纪 60 年代发展完善了线性最速控制理论中的 "等时区" 方法; 于 20 世纪 70 年代中用最优控制理论提出了拦截问题中新的制导概念和方法; 于 20 世纪 80 年代提出了线性系统理论的构造性方法, 并在中国率先推动控制系统计算机辅助设计软件的开发和研究, 负责由 17 个科研院所高校等单位及 100 多位科研工作者参加的 "中国控制系统计算机辅助设计软件设计系统" 的项目[10]. 可以说, 韩京清先生是一位具有扎实数学基础和优秀数学素养, 并长期从事控制理论与应用研究的科研工作者.

韩京清先生懂得数学理论的简美, 也追求工程需求的实用. 作为一个多年致力于现代控制理论研究并取得突出成就的学者, 韩京清先生从 20 世纪 80 年代开始反思现代控制理论与实际控制工程之间的鸿沟, 勇于以批判的态度反思现代控制理论的发展现状, 对现代控制理论的研究方法提出了一系列触及本质的质疑[11, 12], 并开始独辟蹊径. 20 世纪 90 年代, 韩京清先生陆续提出了扩张状态观测器和跟踪微分器, 其研究动机来自于对工程实用的追求, 而研究基础来自于对简美数学的理解. 韩京清先生也以此突破为起点, 开始了不依赖对象模型、简单而实用的自抗扰控制方法的研究. 相比于需要精确的数学模型以及利用复杂的李雅普诺夫函数的控制理论与方法, 自抗扰控制方法具有简明的结构且物理意义明确的参数, 从而使得控制律设计变得非常的自然和通畅. 关于自抗扰控制的思想、理论与技术, 已有较详细的论著 [13]—[15] 和综述文章 [16]—[18] 供读者参考 (韩京清先生的部分论著见图 8).

韩京清(1937-2008)

第 13 卷第 1 期   控 制 与 决 策   1998 年 1 月
Vol 13 No 1   CONTROL AND DECISION   Jan 1998

自 抗 扰 控 制 器 及 其 应 用

韩 京 清
(中国科学院系统科学研究所·北京, 100080)

摘 要 自抗扰控制器是自动检测系统的模型和外扰实时作用并予以补偿的新型控制器. 介绍自抗扰控制器对时变系统, 多变量系统, 最小相位系统等不同对象的使用方法.
关键词 自抗扰控制, 鲁棒控制, 不确定系统
分类号 O 157. 21

图 8   韩京清的自抗扰控制论文和专著

目前, 自抗扰控制已经成为一种解决不确定系统控制问题的通用方

法, 已经实现了包括自抗扰控制运动控制芯片 (美国德州仪器公司) 等
的工业级应用[16], 典型应用包括: 2013 年以来美国德州仪器公司推出的
一系列基于自抗扰控制算法的运动控制芯片; 自抗扰控制方法经过简化
和参数化已经应用于 Parker Hannifin 的高分子材料挤压生产线; 我国
汕尾市海丰电厂 1000MW 超临界机组、广州市恒运电厂 300MW 亚临
界机组、山西同达电厂 300MW 循环流化床等多个控制回路均已使用了
自抗扰控制; 我国两河口水电站生成运行的天津大学无人碾压机在轨迹
跟踪的关键控制环节采用了自抗扰方法; 自抗扰控制成功用于我国高性
能多用途服务机器人的运动规划和避障控制、超高精度运动平台的定位
控制等高新技术领域; 基于自抗扰控制还形成了我国高性能飞机的多项
核心控制技术, 产生了飞行品质的飞跃. 关于自抗扰控制的成功应用研
究成果还会不断涌现.

参 考 文 献

[1] 韩京清. 自抗扰控制律及其应用. 控制与决策, 1998, 1: 18-23.

[2] 肖业伦. 飞行器运动方程. 北京: 航空工业出版社, 1987.

[3] 彭辛, 尼瓦扎提, 孔维君. 对人工智能引发安全问题的思考——以波音 737-MAX 8 坠机事故为例. 民航安全, 2021, 1: 73-76.

[4] 胡寿松. 自动控制原理. 6 版. 北京: 科学出版社, 2013.

[5] 韩京清. 一类不确定对象的扩张状态观测器. 控制与决策, 1995, 1: 85-88.

[6] Xue W C, Huang Y. Performance analysis of 2-DOF tracking control for a class of nonlinear uncertain systems with discontinuous disturbances. Int. J. Robust Nonlinear Control, 2017, 28(16): 1456-1473.

[7] 宋健, 韩京清. 线性最速控制系统的分析与综合理论. 数学进展, 1962, 5(4): 264-282.

[8] Anderson B D O, Moore J B. 线性最优控制. 尤云程, 译. 北京: 科学出版社, 1982.

[9] 韩京清, 袁露林. 跟踪微分器的离散形式. 系统科学与数学, 1999, 19(3): 273-278.

[10] 科学院系统科学所, 北京钢铁学院自动化系. 中国控制系统计算机辅助设计软件包. 工程科学学报, 1987, 9(S3): 161-162.

[11] 韩京清. 稳定阵的标准型及有关问题. 控制与决策, 1987, 2: 1-6.

[12] 韩京清. 控制理论-模型论还是控制论. 系统科学与数学, 1989, 9(4): 328-335.

[13] 韩京清. 自抗扰控制技术. 北京: 国防工业出版社, 2008.

[14] Han J. From PID to active disturbance rejection control. IEEE transactions on Industrial Electronics, 2009, 56(3): 900-906.

[15] Guo B Z, Zhao Z L. Active Disturbance Rejection Control for Nonlinear Systems: An Introduction. John Wiley & Sons, 2016.

[16] Huang Y, Xue W C. Active disturbance rejection control: methodology and theoretical analysis. ISA Transactions, 2014, 53(4): 963-976.

[17] 高志强. 自抗扰控制思想探究. 控制理论与应用, 2013, 30(12): 1498-1510.

[18] 李杰, 齐晓慧, 万慧, 夏元清. 自抗扰控制: 研究成果总结与展望. 控制理论与应用, 2017, 34(3): 281-295.

8 莫斯科数学学派①

李文林

莫斯科数学学派, 在狭义上是指 20 世纪早期莫斯科大学数学教授鲁金 (Н. Н. Лузин, 1883—1950) 所领导的函数论学派, 后来则扩指受鲁金直接影响的莫斯科大学数学家群体. 在现代数学史上, 莫斯科学派是推动 20 世纪整个数学发展的一支重要的力量. 本文试对莫斯科数学学派的形成、发展与影响做初步的阐述、分析.

8.1 旧俄数学背景

17 世纪, 当解析几何、微积分在西欧兴起之时, 俄国数学还处在十分落后的状态. 1703 年出版的有代表性的俄国数学著作《算术》(著者 Л. Ф. 马格尼茨基 (Магницкий, 1669—1739)), 内容没有超出实用算术、初等代数 (限于一、二次方程求解) 和具体几何、三角计算的范围. 西欧近代数学在彼得一世 (1672—1725) 时代开始传入俄国. 彼得一世为了巩固加强俄罗斯封建帝国而采取了一系列发展科学文化的改革措施,

---

① 原载《中国数学史论文集》(三), 吴文俊主编, 山东教育出版社, 1987, 第 129–144 页. 这里微有修改.

其中包括创建彼得堡科学院等. 鉴于本国科学基础薄弱的情况, 俄国科学院起初聘用了许多外籍学者, 数学方面有 C. 哥德巴赫 (C. Goldbach, 1690—1764)、丹尼尔·伯努利 (Daniel Bernoulli, 1700—1782)、尼古拉二世·伯努利 (Nicolaus Bernoulli II, 1695—1726) 和 L. 欧拉 (L. Euler, 1707—1783) 等. 这种直接的移植, 推动了俄国近代数学研究的开展.

到 19 世纪上半叶, 俄国数学开始产生堪与西欧媲美的独创性成果. 当时俄罗斯数学家卓越的代表有 Н. И. 罗巴切夫斯基 (Н. И. Лобачевский, 1792—1856) 和 М. В. 奥斯特罗格拉特斯基 (М. В. Остроградский, 1801—1861). 特别是罗巴切夫斯基, 被誉为 "几何学的哥白尼", 他发现非欧几何, 揭开了现代几何学革命的序幕. 不过, 罗巴切夫斯基等人的工作在某种意义上仍带有孤立突破的性质, 俄国科学界在相当一段时间里未能充分认识其贡献的伟大意义.

19 世纪后半叶, 随着数学研究基础的逐步加强, 俄国开始形成自己的数学学派, 这就是以 П. С. 切比雪夫 (П. Л. Чебышев, 1821—1894) 为首的彼得堡学派. 切比雪夫在解析数论、概率论和数学分析等领域取得的成就, 使他赢得了很高的国际声誉. 切比雪夫同时是一位卓越的教育家, 培养和影响了一代俄国数学家. 属于切比雪夫学派的杰出学者有 А. А. 马尔可夫 (А. А. Марков, 1856—1922) 和 А. М. 李雅普诺夫 (А. М. Ляпунов, 1857—1918) 等. С. Н. 伯恩斯坦 (С. Н. Бернстейн, 1880—1968)、А. Н. 克雷洛夫 (А. Н. Крылов, 1863—1945) 以及更晚的 И. М. 维诺格拉多夫 (И. М. Виноградов, 1891—1983) 都是彼得堡学派继承者. 彼得堡学派的活动反映了 19 世纪晚期俄国数学水平的提高, 对后来的发展有深远影响. 不过就总体而言, 俄国数学到 20 世纪初为止尚不足与西欧国家争雄抗衡. 在俄国, 向现代数学全面进军的号角, 在很大程度上是由莫斯科学派吹响的.

8.2 莫斯科学派的创建

莫斯科大学成立于 1755 年, 但在 20 世纪以前, 它在数学上地位并不重要. 20 世纪初, 数学家叶果洛夫 (Д. Ф. Егоров, 1869—1931) 和姆洛德舍夫斯基 (Б. К. Млодзеевский, 1859—1923) 在莫斯科大学开创了数学讨论班, 这类讨论班后来成为莫斯科大学培养数学人才的一种途径. 叶和姆的讨论班起初以微分几何为主要研究内容, 同时以极大的兴趣关注着其他领域特别是当时在西欧新兴的实变函数论的发展. 叶果洛夫本人在实变函数论方面做出了重要的贡献, 他在 1911 年发表的《论可测函数序列》, 其中叙述了著名的叶果洛夫定理: 几乎处处收敛的可测函数列恒在一闭集上一致收敛, 此闭集余集的测度可任意小. 该项工作引导了叶氏的学生 Н. Н. 鲁金等关于可测函数度量理论的一系列重要研究, 成为莫斯科大学实变函数论蓬勃发展的先声.

莫斯科实变函数论学派的主要创始人和长期领导者是鲁金. 鲁金于 1901 年入莫斯科大学数学物理系, 1910 年成为莫斯科大学助教后即赴西欧, 到当时的数学圣地巴黎与哥廷根进修实函数论, 1911—1913 年发表一批论文而崭露头角. 鲁金在 1914 年春回到莫斯科大学, 翌年完成了著名的博士论文 "积分和三角级数". 此文可以说是莫斯科函数论学派的开山经典, 它不仅论述了许多重要结果, 而且提出了一系列问题, 这些问题长期以来决定着该学派的研究方向.

当鲁金投身到实变函数论研究之时, 这一领域的一些基本概念如勒贝格积分、测度、可测函数等虽已形成, 但初创的理论缺乏统一的方法, 概念之间的相互联系也亟待探讨、揭示. 鲁金正是在这样的形势下, 担负起为现代实变函数论进一步奠基的使命.

鲁金从深入刻画可测函数的基本性质入手. 他首先发现了所谓的鲁金 C 性质, 即任意可测函数都能通过改变其在测度任意小的集上的值而成为连续函数. 凭借鲁金 C 性质, 鲁金解决了实变函数论积分学的基本问题, 即在最一般的函数定义下推广微积分基本定理、建立原函数理论, 并进而发展了可测函数的三角级数论.

像切比雪夫一样, 鲁金不仅是一位研究大师, 而且具有非凡的教学与组织才能. 1914 年他从西欧回国不久, 便在莫斯科大学开设了实变函数论课程. 他的讲演明快而富有魅力, 一方面以严谨的逻辑紧扣听众的心, 一方面以活跃的思想去激励、启发学生. 他常常在课堂上提出问题并当场示范解决, 有意识引导学生参与到创造性的思维过程中来. 学生们把鲁金的数学课比作为 "数学思想的实验室". 鲁金平易近人, 师生关系亲密. 他与学生们的课余交谈, 被称为 "数学谈话", 成为学生们汲取从事独立研究所必需的新问题、新思想的源泉.

正是鲁金的科学成就和教学活动, 吸引了大批优秀的青年, 围绕他而兴起了现代数学史上一个影响深广的科学集体——鲁金学派. 鲁金学派最早的成员是他的第一批学生, 其中有: 门索夫 (Д. И. Меншов, 1892—1988)、辛钦 (А. Я. Хинчин, 1894—1959)、亚历山大洛夫 (П. С. Александров 1896—1982)、乌里松 (П. С. Урысон, 1898—1924) 和苏世林 (М. Я. Суслин 1894—1919) 等. 他们的早期工作都是遵循鲁金的思想路线, 对现代实变函数论的发展做出了奠基性的贡献.

门索夫、辛钦与亚历山大洛夫 1914 年在鲁金指导下同时开始他们的研究事业. 门索夫与辛钦的工作是围绕着函数的度量理论. 辛钦于 1915 年获得关于积分论的重要结果, 而门索夫则在 1916 年以著名的反例推翻了传统的三角级数唯一性假设 (几乎处处收敛于给定函数的三角级数的唯一性假设), 他的反例被称为 "门索夫级数"(具有非零系数但却几乎处处收敛于零的级数). 这一出人意料的结果成为三角级数论发展的新起点. 亚历山大洛夫的兴趣则集中于描述函数论. 他在 1916 年解决了博雷尔集的基数问题, 并进而引进新的集合上的运算概念, 即后来所谓的 "A 运算", 同时证明了: 所有博雷尔集都可以通过应用 "A 运算" 于闭集而获得. 是否一切应用 A 运算于闭集而获得的集合都是博雷尔集? 鲁金敏锐地察觉到这里包含着描述集合论的核心问题, 并指导当时还是三年级大学生的苏世林进行探索. 苏世林不负所托, 不久便得到了解答: 他运用 A 运算构造出非博雷尔集. 苏世林构造的全新集合 (即所谓 A 集合), 成为描述集合论的重要研究对象. 鲁金本人开拓了这类集合研究的直观的几何方向而正式创立了描述集合论.

总之, 在 1917 年以前, 莫斯科函数论学派已告形成, 并积聚了雄厚的实力. 然而, 要成为国际第一流的现代数学研究中心, 这一切还仅仅是开始. 莫斯科学派更辉煌的发展, 是在十月革命之后.

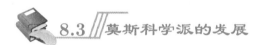

8.3 莫斯科学派的发展

十月革命为鲁金学派的发展开辟了广阔的前景.

首先是实变函数论研究队伍的壮大. 鲁金学派充实了一批优秀的新生力量, 他们包括柯尔莫哥洛夫 (А. Н. Колмогоров, 1903—1987)、诺维柯夫 (П. С. Новиков, 1901—1975)、拉甫伦捷夫 (М. А. Лаврентъев, 1900—1980)、刘斯铁尔尼克 (Л. А. Люстерник, 1899—1981)、史尼莱利曼 (Л. Г. Щнирелъман, 1905—1938) 和巴里 (Н. К. Бари, 1901—1961) 等. 这些青年学者的科学生涯, 都是以函数论研究为起点, 并以丰硕的成果谱写了莫斯科函数论学派新的篇章.

革命前鲁金学派的两大研究方向——度量函数论与描述函数论都有了新的突破. 例如, 在度量理论方面, 关于三角级数收敛性问题鲁金曾假设: 任意平方可和函数的傅里叶级数几乎处处收敛于该函数, 柯尔莫哥洛夫却在 1921 年给出其傅里叶级数处处发散的可和函数的例子而震动了数学界; 鲁金的女学生巴里则获得了关于连续函数叠加表示的关键性结果. 在描述理论方面, 柯尔莫哥洛夫 1922 年发展了苏世林关于 A 集合的思想而建立了集合运算的系统理论. 柯尔莫哥洛夫和鲁金的其他学生诺维柯夫、拉甫伦捷夫、凯尔迪什 (Л. В. Келныш, 1911—1978) 等对描述集合论的成就, 与莫斯科学派以外康托洛维奇 (Л. В. Кантрович, 1912—1986) 等人的工作汇合在一起, 使苏联在国际上现代集合论研究领域里占据了重要地位.

此外还开辟了函数论研究的新方向, 如鲁金的同事斯捷潘诺夫 (B. B. Степанов, 1889—1950, 亦是叶果洛夫的学生) 提出了现代分析的重要理论——概周期函数论. 20 年代末, 莫斯科学派又开创了一个新领域——多个变量的实函数论. 这方面最早的工作也是属于斯捷潘诺夫, 进一步的发展则归功于柯尔莫哥洛夫及其学生维尔钦可 (И. Я. Верченко).

这样, 鲁金领导的函数论学派, 十月革命后无论在规模与质量上都有了迅速发展和提高. 但是, 如果莫斯科学派的科学探索仅限于实函数论的范围, 那么它在现代数学史上的地位就不会像现在那样重要了. 实际上, 实函数论研究后来成为莫斯科学派数学思想的摇篮. 从 20 年代开始, 鲁金的学生们把实函数论的概念与方法应用于其他领域而引起这些领域中深刻的变革, 使莫斯科函数论学派的数学研究全面开花结果.

1. 拓扑学

乌里松和亚历山大洛夫是苏联拓扑学的开拓者, 他们从 1921 年起, 在抽象拓扑学方面展开了一系列重要研究.

首先是乌里松于 1921 年建立了一般维数理论. 庞加莱已认识到定义维数的必要性, 也做了尝试, 但他的定义是含糊的. 乌里松使庞加莱的思想精确化而给出了度量空间维数的严密的归纳定义. 维数理论后来又被亚历山大洛夫及其学生吉洪诺夫 (А. Н. Тихонов, 1906—1993) 等进一步发展. 乌里松还推动了拓扑空间理论的研究, 在拓扑空间度量化方面取得了重要结果. 特别是证明了: 每个正规的拓扑空间是可度量的; 每个可分离度量空间必与希尔伯特方体的一个子集同胚等. 乌里松的工作在近代拓扑学发展史上留下了不可磨灭的痕迹, 遗憾的是他的科学生涯只有短暂的五年. 1924 年, 当他访法期间, 在布列坦尼海滩游泳时不幸溺水早逝.

如果说乌里松是杰出的点集拓扑学家, 那么亚历山大洛夫则是代数拓扑学的开创者之一. 亚历山大洛夫 1917 年毕业于莫斯科大学, 早年在函数论方面做了出色的工作之后, 便转而研究拓扑. 1923 年亚历山大洛夫访问哥廷根时结识了当时德国抽象代数学派的领头人物爱米·诺特 (E. Noether, 1882—1935), 受她的影响而开始致力于抽象代数方法在组合拓扑中的应用的研究. 特别是 1926—1927 年, 亚历山大洛夫再访哥廷根时与德国拓扑学家霍普夫 (H. Hopf, 1894—1971) 合开组合拓扑课程, 其间他们着手给拓扑空间的同调连通性以数量定义. 诺特建议用以相同数值为不变量的阿贝尔同调群来代替这些不变量. 这在当时是崭新的见解, 却没有被大多数拓扑学家理解, 唯有亚历山大洛夫与霍普夫迅速领会了诺特的思想, 成功地将群论方法引入拓扑领域, 从而奠定了代数拓扑学的基础. 他们发展了一般空间的同调论. 亚历山大洛夫的一大贡献是把紧致度量空间看作为多面体序列的极限而定义了其同调群, 这样就把以多面体为研究对象的组合拓扑方法推广到了一般的紧致空间上.

亚历山大洛夫从 1925 年开始组织并长期领导了莫斯科大学拓扑学讨论班. 这个讨论班为苏联培养了第一流的拓扑学人才, 其中最突出的就是庞特里亚金 (Л. С. Понтрягин, 1908—1988). 庞特里亚金上中学时在一次事故中双目失明, 但他并未因此辍学, 相反在母亲的鼓励和帮助下自学高等数学并于 1925 年考入莫斯科大学物理数学系, 大学二年级时就参加了亚历山大洛夫的讨论班, 在后者引导下走上了科学研究道路并显示出非凡才华. 1932 年, 庞特里亚金证明了后来以他的名字命名的拓扑对偶定理, 并在证明过程中建立了拓扑阿贝尔群的特征理论. 这些工作与他后来关于拓扑群的一般研究一起, 奠定了新的边缘学科——拓扑代数学的基础.

柯尔莫哥洛夫对拓扑学也有重要贡献, 特别是他在 1934 年引进了新的斫算子 (即上边缘算子) 概念, 进而又建立了双紧致空间的上同调群理论, 为整个代数拓扑学提供了有力的工具. 柯尔莫哥洛夫还证明了他自己的对偶定理.

在 19 世纪 30 年代, 亚历山大洛夫领导的拓扑学讨论班已经成为一个重要的拓扑学研究中心. 1935 年, 由莫斯科大学数学研究所主持召开了拓扑学国际会议, 这反映了莫斯科学派在拓扑学研究方面的雄厚实力和苏联拓扑学的国际地位.

2. 概率论

概率论是莫斯科学派对现代数学做出伟大贡献的又一个领域. 这方面的领头人物是辛钦和柯尔莫哥洛夫.

1923 年左右, 辛钦开始了伯努利公式中独立项和数增长的点估计的工作, 建立了现在所谓的 "重对数律". 辛钦的工作成为莫斯科学派在概率论领域的一系列研究的开端, 这些研究是以鲁金学派在实函数论方面的成果为基础的. 事实上, 对概率论基本概念的深入分析, 显示出它们与集合论及实函数度量理论之间深刻的相似性.

概率论的公理化在 20 世纪初被希尔伯特列在他的著名的 23 个数学问题之中. 柯尔莫哥洛夫之前, 已有许多人做了尝试. 柯尔莫哥洛夫集前人之大成, 他从 1929 年开始探讨这方面的问题, 基本思想是以测度概念作为概率论基础 (最先由法国学者 E. 博雷尔提出). 不久, 柯尔莫哥洛夫以完善而简明的形式提出了概率论公理系统, 发表在其经典著作《概率论的基本概念》(1933 年首先由德国的斯普林格出版社出版) 中. 柯尔莫哥洛夫的公理系统在严格的测度论基础上概括了古典的概率论, 是概率论发展史上的一个里程碑.

莫斯科学派对现代概率论的另一项重大贡献是随机过程论. 早在 1907 年, 彼得堡学派的马尔可夫就提出了一类重要的随机过程——马尔可夫过程 ("无后效过程"). 1931 年, 柯尔莫哥洛夫发表重要论文 "概率论的解析方法", 其中建立了系统、严密的马尔可夫过程理论. 同年, 辛钦发展了另一类重要的随机过程——平稳过程的相关理论, 并获得柏克霍夫-辛钦定理. 柯尔莫哥洛夫和辛钦在随机过程方面的开创性研究, 为概率论的深入发展开辟了新路. 柯氏的马尔可夫过程论, 沟通了概率论与微分方程论之间的联系, 而辛钦的平稳过程理论也显示出与动力系统理论的密切联系. 这样, 概率论改变了拉普拉斯、切比雪夫时代以来的风貌, 开始采用微分方程作为研究工具, 并与泛函分析的发展交织起来.

概率论方面的工作无疑是柯尔莫哥洛夫科学生涯中最重要的成就, 但柯尔莫哥洛夫的贡献却远不止此, 除了概率论和前面已经提到的函数论、拓扑学外, 还涉及数理统计、信息论、动力系统、微分方程、泛函分析、射影几何、流体力学、自动控制和数理逻辑等. 他关于这些领域的研究论文, 大都短小精悍, 带有开创或奠基的性质. 柯尔莫哥洛夫同时是一位应用数学大师; 对数学史和数学哲学问题也表现出浓厚的兴趣和高深的造诣. 柯尔莫哥洛夫无愧为 20 世纪最卓越、全面的数学家之一.

作为出色的教育家, 柯尔莫哥洛夫引导许多青年攀上了科学高峰. 他的学生中后来成为苏联科学院院士和通讯院士的就有: 泛函分析学家 И. М. 盖尔芳特 (И. М. Гельфанд)、代数学家马力茨夫 (А. И. Мальцев)、概率论专家普罗霍洛夫 (Ю. В. Прохоров)、数理统计学家鲍里舍夫 (А. Н. Большев)、波罗夫柯夫 (А. А. Боровков) 和函数论专家尼柯里斯基 (С. М. Никольский) 等. 柯尔莫哥洛夫还参与领导中学数学教学大纲的制定和教材的编写, 甚至亲自给中学生讲课, 为提高苏联的中等数学教育水平倾注了心血和精力.

柯尔莫哥洛夫还是一位科学活动家. 他不仅组织了许多重要的讨论班, 而且主持创建了一系列有影响的数学科研、教育机构, 如莫斯科大学数力系概率论教研室、数理统计教研室和统计试验室等, 苏联科学院理论地球物理研究院的大气湍流实验室也是在他倡议下建立的. 柯尔莫哥洛夫先后担任了莫斯科大学数学研究所所长、数学力学系主任、莫斯科数学会主席、苏联科学院数理学部秘书、苏联《数学进展》杂志主编, 并负责了苏联大百科全书数学编辑的工作. 他在这些岗位上充分发挥自己的影响来促进苏联科学的进步, 表现出敢于坚持真理的品格.

柯尔莫哥洛夫的数学研究和科学活动一直是以莫斯科大学为基地. 在鲁金之后, 柯尔莫哥洛夫是莫斯科数学学派中占有突出地位的一位领头人物.

3. 泛函分析与微分方程

(1) 泛函分析. 泛函分析是 20 世纪以集合论为基础的数学变革的最新产物, 莫斯科学派能够在这一新兴领域中大有作为是不足为奇的.

莫斯科学派在泛函分析方面的早期研究不仅依靠了实函数论的武器, 而且借鉴了拓扑学的观点与方法, 这就是刘斯铁尔尼克与史尼莱利曼组织的变分学的拓扑方法讨论班, 将拓扑方法移植到变分学中来, 并发展了大范围变分法理论. 不久, 又出现了柯尔莫哥洛夫及其学生关于泛函空间双紧致性的研究. 柯尔莫哥洛夫还奠定了作为泛函分析一个分支的函数逼近论的基础.

莫斯科学派泛函分析研究的高潮时期是由柯尔莫哥洛夫的学生 И. М. 盖尔芳特开创的. 盖尔芳特 1934 年发表的博士论文, 论述了从一个空间到另一个空间的线性连续映照, 成为泛函分析的重要文献. 1941 年, 盖尔芳特建立了有重大意义的赋范环论. 接着, 他研究利用希尔伯特空间上的酉算子来表示局部双紧致群并进一步找出给定群的一切不可约酉表示的问题. 盖尔芳特与奈依玛克 (М. А. Наймак) 合作, 完全解决了上述问题. 盖尔芳特的工作把泛函分析与抽象代数、拓扑学融为一炉, 使莫斯科学派在泛函分析领域达到了国际第一流的水平.

(2) 常微分方程. 莫斯科学派微分方程研究的先驱人物是斯捷潘诺夫. 斯捷潘诺夫 1912 年毕业于莫斯科大学, 十月革命后他在莫斯科大学组织了微分方程定性理论讨论班, 研究结果总结在专著《微分方程定性理论》(1947, 与梅茨基合作) 中. 斯捷潘诺夫为苏联培养了一批常微分方程论专家, 他撰写的教材《微分方程教程》获 1953 年斯大林奖金.

莫斯科学派在微分方程方面的另一位代表人物彼得罗夫斯基 (И. Г. Петровский, 1901—1973), 也是叶果洛夫的学生, 但比斯捷潘诺夫稍晚, 是在十月革命之后成长起来的, 早年从事函数论研究, 后转向常微分方程理论, 攻克了与积分曲线在奇点附近及周期解附近有关的许多问题. 他曾证明对于二次多项式 $P(x,y), Q(x,y)$ 方程,

$$\mathrm{d}y/\mathrm{d}x = P(x,y)/Q(x,y)$$

的极限环个数不超过 3. 尽管现已弄清这一结论是错误的, 但彼得罗夫斯基的工作推动了希尔伯特第 16 个问题的研究.

还应该提到庞特里亚金. 他与物理学家安德洛诺夫 (А. А. Андронов) 合作, 紧密结合振动理论的研究, 在常微分方程定性理论方面获得了丰富的结果.

(3) 数学物理方程. 莫斯科大学数学物理方程的研究始于 20 世纪 30 年代, 当时刘斯铁尔尼克与彼得罗夫斯基开展了关于有限差分法对狄里希莱问题的应用的研究. 偏微分方程论后来逐渐成为莫斯科学派研究的重点之一. 科学技术与生产实际中提出的大量数学物理问题吸引了部分知名学者包括彼得罗夫斯基、吉洪诺夫等把兴趣转移到偏微分方程领域. 彼得罗夫斯基开拓了对偏微分方程组的系统研究并获得重要结果, 如椭圆型方程组解的解析性、双曲型方程组的柯西问题等. 他最先提出偏微分方程组的分型 (椭圆型、双曲型与抛物型) 理论. 吉洪诺夫则在热传导方程方面做出了重要贡献.

1934 年, 苏联科学院从列宁格勒迁至莫斯科, 莫斯科学派又补充了新的力量, 特别是索伯列夫 (С. Л. Соболев, 1908—1989) 加入莫斯科大学教授的行列, 使这里最终形成了数理方程的研究中心. 索伯列夫 1929 年从列宁格勒大学毕业后即从事数理方程的研究. 在莫斯科大学, 他与彼得罗夫斯基、吉洪诺夫共同主持了数理方程讨论班. 索伯列夫本人的研究提供了解偏微分方程问题的全新方法和一般概念, 特别是 1936 年他在关于线性双曲型方程解的存在性研究中创立了微分方程广义解和函数的广义微商等思想, 使他成为广义函数的奠基人之一. 索伯列夫的工作把偏微分方程论与泛函分析密切联系起来, 对现代分析的发展有重大意义.

4. 代数与数论

莫斯科大学在代数领域的研究完全是十月革命以后发展起来的. 1920 年以后, 施密特 (О. Ю. Шмидт, 1891—1956) 在莫斯科大学组织了群论讨论班. 施密特原先在乌克兰师从于格拉维 (Д. А. Граве, 切比雪夫的学生), 是一位群论专家. 从 1934 年起, 他与狄隆 (Б. Н. Делоне) 等一起开创了古典代数研究的新阶段. 狄隆的学生夏伐列维奇 (И. Р. Шафаревич) 1945 年解决了代数方程论中一百多年悬而未决的一个问题, 对可解群伽罗瓦理论的逆问题做出了完全肯定的解答.

亚历山大洛夫的学生库洛什 (Л. Г. Курош), 在早期拓扑方面的工作之后, 转向了抽象代数的研究, 对群、环、域论都有贡献, 他与施密特一起成为莫斯科学派代数方面的领导人.

莫斯科学派的数论研究也是在度量函数论的沃土上培植起来的. 1922—1923 年间, 辛钦开展了一般丢番图逼近与连分数度量理论的研究, 并在此基础上组织了解析数论讨论班, 吸引了一批青年学者, 其中有史尼莱利曼与 А. О. 盖尔冯德 (А. О. Гельфонд, 1906—1968).

盖尔冯德原先跟从普列瓦洛夫 (И. И. Привалов, 1891—1941) 研究复变函数, 转到数论领域后, 突出的贡献是在 1934 年对希尔伯特第七问题的研究七问题, 即证明了数 $\alpha^\beta(\alpha \neq 0,1$ 为代数数, β 为无理代数数) 的超越性. 这是 20 世纪超越数论的经典性结果. 盖尔冯德后来成为莫斯科大学数论教研组的负责人.

史尼莱利曼的工作则向解析数论中哥德巴赫猜想的解决迈出了重要的第一步: 他证明了存在一数 N, 使得一切异于 1 的自然数皆可表为至多 N 个质数之和. 后来维诺格拉多夫沿着不同的途径在哥德巴赫问题上取得了更大的成就.

5. 复变函数论

早在十月革命前夕, 莫斯科学派复变函数论的研究就已与实函数论相联系而又平行地开展起来, 这方面的主要倡导者是戈鲁别夫 (В. В. Голубев, 1884—1954) 和普列瓦洛夫, 二者都是叶果洛夫的学生, 早期工作介于实、复变函数论之间. 戈鲁别夫关于具有完备奇异点集的解析函数的研究 (1916) 和普列瓦洛夫关于解析函数边界性质的研究 (1920)

启迪了后来的一系列工作. 20 年代初, 鲁金、辛钦和门索夫等都曾关注过这一领域. 以后陆续成长起来的复变函数论专家有: 拉甫伦捷夫、M. B. 凯尔迪什 (M B Келдыш, 1911—1978)、A. O. 盖尔冯德以及 A. И. 马库舍维奇 (А. И. Маркушевич) 等, 他们的工作涉及不同方向: 拉甫伦捷夫创立了拟共形映照理论, 凯尔迪什及其学生在多项函数逼近与共形映照方面有重要贡献, 盖尔冯德则在整函数论方面获得了许多成果等, 产生了广泛的影响.

6. 数理逻辑、数学哲学与数学史

以实函数论研究为基础、向其他众多的领域渗透发展, 这是莫斯科学派的一个基本特征. 莫斯科学派另一个值得注意的特点, 是对数学的基础、哲学与历史问题的重视.

柯尔莫哥洛夫、格列文科 (В. И. Гливенко)、日加尔金 (И. Ч. Жегалкин) 和诺维柯夫等在数学基础与数学逻辑方面做了许多重要工作. 1925 年, 柯尔莫哥洛夫首先阐明了直觉主义逻辑的数学意义, 倡导了对直觉主义的系统研究; 格列文科则建立了古典的与直觉的逻辑命题之间的关系; 1927—1929 年, 日加尔金建立了逻辑代数, 接着解决了一系列狭义谓词演算的可解性问题; 诺维柯夫则运用许可的直觉主义逻辑证明了经典有理数算术的相容性. 随着计算机科学的发展, 诺维可夫和他的学生们还深入探讨了不同类型数学问题的算法可解性并获得出色结果, 特别是 1957 年诺维柯夫因解决一系列群论问题的不可解性而荣获列宁奖金.

以柯尔莫哥洛夫为首, 莫斯科学派多数数学家对数学哲学问题十分关心. 柯尔莫哥洛夫亲自领导了一个数学方法论讨论班, 以马克思列宁主义为指导, 探讨数学的对象与方法, 阐述数学概念与方法的辩证发展. 讨论班的主持人还有雅诺夫斯基 (С. А. Яновский) 和罗勃尼柯夫 (К. А. Рибников). 莫斯科学派讨论数学哲学的早期成果, 汇集为《数学哲学论集》于 1936 年出版, 由雅诺夫斯基主编. 莫大数学家在为苏联大百

科全书撰写的文章中也充分论述了他们关于数学的本质、对象、方法与历史的观点, 其中柯尔莫哥洛夫的《数学》为脍炙人口的名篇.

从 20 世纪 30 年代起, 雅诺夫斯基还与弗尔戈特斯基 (М. Я. Вигодский) 一起在莫斯科大学开设了数学史必修课, 同时组织了数学史讨论班. 1945 年以后, 数学史研究有了较大发展. 最初的注意力集中于俄国数学史, 如尤什凯维奇 (А. П. Юшекевич) 关于 18 世纪俄罗斯数学的研究; 卡冈 (В. Ф. Каган) 主编的罗巴切夫斯基全集与雅诺夫斯基对罗巴切夫斯基工作与世界观的分析等, 以后研究方向逐渐拓广, 出现了尤什凯维奇关于中国古代数学史的研究; 雅诺夫斯基对马克思数学手稿及数学分析基础历史的研究; 弗尔戈特斯基、冈恰洛夫 (В. А. Гончаров)、尤什凯维奇等关于开普勒、笛卡儿、牛顿、欧拉、莱布尼茨、蒙日、卡诺、鲍耶和黎曼这样一些数学家和近代数学史的研究等.

1948 年创办了不定期出版物《数学史研究》, 由尤什凯维奇和罗金 (Г. Ф. Рыкин) 负责主编, 是发表数学史研究成果的专门刊物.

8.4 历史的注记

莫斯科数学学派自 20 世纪初创立, 到 20 世纪 30 年代进入鼎盛时期, 人才辈出, 硕果累累, 成为举世瞩目的综合数学研究中心之一. 莫斯科学派的成长应该说是苏联数学成长的缩影. 回顾它的发展, 有以下几个方面是值得注意的.

1. 引进与独创

莫斯科数学学派的发展, 是与它不断吸收、借鉴其他国家与学派的数学成就分不开的. 前面已提到, 鲁金大学毕业后曾前往德、法等国学习实函数论, 回国后便在莫斯科大学开展这方面的研究, 此举对莫斯科学派的创立和成长有重要意义. 与鲁金同时被派往巴黎、哥廷根进修的还有戈鲁别夫、斯捷潘诺夫等. 十月革命后, 苏维埃政府在遭受西方列强包围的极端困难的形势下, 仍然坚持派遣优秀青年到西欧深造, 其中亚历山大洛夫和乌里松等是数学方面的佼佼者. 他们于 1923 年初访哥廷根, 次年再赴德、法、荷兰等国, 尤其是亚历山大洛夫在访德期间与 E. 诺特、霍普夫等建立了深厚友谊, 并把当时刚刚在德国崛起的抽象代数引进苏联, 对莫斯科学派的发展起了进一步的推动作用.

除了派出去, 莫斯科大学也常邀请国外著名数学家来讲学. 例如, 1928—1929 年冬天, 诺特应邀访问莫斯科大学并开了抽象代数课程. 这次讲学使莫斯科许多数学家 (尤其是庞特里亚金、施密特等人) 获益匪浅. 庞特里亚金后来的工作带有浓厚的代数色彩, 无疑与诺特的影响有关.

单纯的和盲目的引进, 是不可能在实质上提高科学水平的. 在这方面, 莫斯科学派成功的地方, 首先是在于抓住了当时最有生命力的前沿领域, 重点突破, 带动全面. 回顾整个莫斯科学派的发展, 是以实变函数论为出发点, 鲁金等人恰是当这一理论方兴未艾之时将它引进了俄国, 边学习边提高, 做出了第一流的成果, 形成了高水平的集体, 并进而挥师其他领域, 在拓扑、概率、泛函、微分方程等一系列方面跨入了世界先进行列. 在这里, 莫斯科学派提供了引进与独创相结合的典范. 鲁金及其学生们的工作, 表明他们不仅善于消化吸收西欧国家先进的数学知识, 而且勇于开辟新的研究方向, 建造新的理论大厦, 绝不停留在填漏补缝、添砖加瓦的水平上. 像前述柯尔莫哥洛夫的公理化概率论、亚历山大洛夫的一般紧致空间同调理论、盖尔芳特的赋范环论、索伯列夫的微分方程广义解概念以及盖尔冯德的超越数论定理等, 都是闪烁着高度创造性光辉的现代数学的花朵.

2. 革命与数学

莫斯科学派始创于沙俄末期, 但它全面的发展却是在 1917 年之后. 十月革命带来了莫斯科学派的黄金时代. 在数学史上, 这是社会变革促进数学研究的又一例证.

十月革命胜利之初, 苏维埃政权在发展科学技术方面首先面临的问题, 是如何继承科学遗产和使用旧俄专家. 列宁曾就此发表过大量论述, 指出 "必须取得资本主义遗留下来的一切文化, 用它建成社会主义", "资本主义留给我们庞大的遗产, 留给我们许多极出色的专家, 我们必须使用他们, 并且应该广泛地、大规模地使用", "在我们资财缺乏的条件下对知识分子所能做到的事情, 我们都会为他们而努力做到. …… 我们在这方面将给资产阶级知识分子以优先权". 由于采取了基本上是正确的方针, 苏维埃政府在当时争取了多数的知识分子. 就数学家而言, 虽有少数人 (如别西考维奇、塔马肯、尤什平斯基等) 逃亡国外, 但像 A. H. 克雷洛夫、B. A. 斯捷克洛夫 (В. А. Стеклов, 1864—1926) 和 H. E. 儒可夫斯基 (Н. Е. Жуковкий, 1847—1921) 这样一些著名学者都迅速站到新政权一边并为发展苏联数学做出了重要贡献. 斯捷克洛夫建议成立了科学院系统的物理数学研究所 (1920), 并任第一任所长 (1932 年从该所分出独立的数学研究所, 即斯捷克洛夫研究所). 克雷洛夫则在斯捷克洛夫逝世 (1926) 后继任物理数学所所长. 在莫斯科, 儒可夫斯基于 1918 年底负责组建了中央流体力学研究所, 并继续从事他自 1905 年就开始担负的莫斯科数学会的领导工作. 至于莫斯科大学, 叶果洛夫、戈鲁别夫、斯捷潘诺夫、鲁金和他们的学生基本上都留下来并发挥了积极作用. 1922 年莫斯科大学数学研究所成立, 第一任所长就是叶果洛夫.

因此, 苏联初期, 充分依靠了革命前的数学家, 同时在极端困难的条件下建立起新的数学研究机构, 不失时机地着手培养自己的队伍.

革命广开了人才来源. 与沙俄时代相比, 大学数学系学生人数剧增, 这使得更多有才华的青年人有可能登上现代数学的殿堂, 而他们中不少人 (突出的例子是 И. M. 盖尔芳特, 他出身于一个贫穷的犹太家庭) 如果在革命前是连接受高等教育的机会也没有的. 所以, 莫斯科学派在 20 世纪 30 年代前后出现新秀迭起的局面绝非偶然. 当然, 人才大量脱颖而出, 还与苏联科学界注重培养方式有关. 由莫斯科大学观之, 它的绝大部分青年数学家是该校数学所研究生出身. 研究所培养人才的主要途径是各种学科的讨论班. 这些讨论班通常是由有关领域的专家主持, 吸收研究生参加, 为有志于这些领域研究的青年人提供有利的学术环境与条件, 把他们引上创造性劳动的道路. 从 20 年代至 50 年代, 莫斯科大学数学所组织过的重要讨论班就有:

拓扑学讨论班, 1925 年由亚历山大洛夫建立, 后与庞特里亚金共同领导;

度量实变函数论讨论班, 由鲁金的实函数论讨论班演变而来, 后由门索夫与巴里领导;

复变函数论讨论班, 起初由叶果洛夫、鲁金、戈鲁别夫、普列瓦洛夫等领导, 后由 M. B. 凯尔迪什、拉甫伦捷夫和马库舍维奇等主持;

微分方程定性理论讨论班, 由斯捷潘诺夫建立, 后由 B B 涅梅茨基负责;

概率论讨论班, 由柯尔莫哥洛夫与辛钦建立;

数理方程讨论班, 由彼得罗夫斯基、索伯列夫和吉洪诺夫主持;

泛函分析讨论班, 由 И. M. 盖尔芳特建立;

变分法的拓扑方法讨论班, 由刘斯铁尔尼克和史尼莱利曼建立;

代数讨论班, 由施密特建立, 后由库洛什主持;

解析数论讨论班, 由辛钦建立;

数理逻辑与数学哲学讨论班, 由 П. C. 诺维柯夫、雅诺夫斯基与柯尔莫哥洛夫等领导;

数学史讨论班, 由弗尔戈特斯基、雅诺夫斯基建立, 后由尤什凯维奇领导.

十月革命以后, 数学家在苏联可以说是受到了前所未有的重视. 政府支持他们的创造性研究并鼓励他们在国际上争夺冠军. 卓有成就的数学家享有很高的学术地位, 仅莫斯科大学, 先后当选为苏联科学院院士的数学家就有:

H. H. 鲁金 (1929)、C. A. 恰普雷金 (1929)、O. Ю. 施密特 (1935)、A. H. 柯尔莫哥洛夫 (1939)、C. Л. 索伯列夫 (1939)、M. B. 凯尔迪什

(1946)、M. A. 拉甫伦捷夫 (1946)、И. Г. 彼得罗夫斯基 (1946)、Л. С. 亚
历山大洛夫 (1953)、А. С. 庞特里亚金 (1958)、А. И. 马力茨夫 (1958)、
П. С. 诺维柯夫 (1960)、А. Н. 吉洪诺夫 (1966)、С. M. 尼柯里斯基
(1972)、Ю. В. 普罗霍洛夫 (1972) 等 (其中 M. B. 凯尔迪什于 1961 年
任苏联科学院院长; 彼得罗夫斯基于 1951 年任莫斯科大学校长).

当选为苏联科学院通讯院士的有:

Л. Г. 史尼莱利曼 (1933)、В. В. 戈鲁别夫 (1934)、А. О. 盖尔冯德
(1939)、И. И. 普利瓦洛夫 (1939)、А. Я. 辛钦 (1939)、В. В. 斯捷潘诺
夫 (1946)、Л. А. 刘斯铁尔尼克 (1946)、И. M. 盖尔芳特 (1953)、Д. И.
门索夫 (1953)、А. А. 波罗柯夫 (1966)、А. В. 凯尔迪什 (1968) 等.

作为科学家的一部分, 苏联数学家还常常获得各种社会荣誉. 莫斯
科学派成员中, 柯尔莫哥洛夫、亚历山大洛夫、彼得罗夫斯基、吉洪诺
夫和 M. B. 凯尔迪什等人曾被授予苏联社会主义劳动英雄的称号; 曾荣
获列宁勋章的则有: 柯尔莫哥洛夫、庞特里亚金、亚历山大洛夫、索伯
列夫、辛钦、彼得罗夫斯基、吉洪诺夫、门索夫、刘斯铁尔尼克、M. B.
凯尔迪什、П. С. 诺维柯夫和 А. О. 盖尔冯德等.

当然, 十月革命以后, 苏联数学在发展过程中也出现过许多不愉快
的事情. 首先是历次政治清洗运动, 对一些数学家造成伤害和威胁. 作
为莫斯科学派元老的鲁金, 也曾在 1937 年被《真理报》点名, 甚至指控
他是 "人民的敌人"(幸好他没有遭到逮捕并保留了教授与院士的职位).
其次是意识形态方面的批判对某些数学研究部门的冲击与束缚, 例如众
所周知的对控制论的批判. 再次, 苏联对犹太人的政策曾迫使数以千计
的犹太学者移居国外. 所有这些对苏联数学的发展都有不利的影响. 但
正如前述, 总的看来, 苏联对数学和数学家是重视的, 而像批判控制论这
样的做法后来事实上也得到了自我纠正. 十月革命以来, 整个苏联数学
是在成功的道路上前进而达到了称雄世界的地位, 这也是莫斯科学派兴
旺发达的总的背景.

3. 基础与应用

现代数学的发展,需要注意基础理论与应用研究的协调与结合. 在这方面,莫斯科学派的经验也颇有借鉴之处.

20 世纪初的 20—30 年代,莫斯科学派主要是奠定理论研究的坚实基础,从实变函数论出发,积累了广泛的理论. 如前所见,这种积累的成效在 30 年代充分显示出来,确立了莫斯科学派在纯数学领域里多方面的优势.

20 年代末 30 年代初,莫斯科学派开始关心理论成果的应用,这与当时苏联强调社会主义建设的需要有关. 1927 年苏联公布第一个五年计划,号召科学家解决经济建设与生产实际问题. 莫斯科大学的数学家中,许多人正是在这样的形势下对实际问题发生兴趣,并运用各自掌握的理论武器去解决问题,如柯尔莫哥洛夫、辛钦等将概率论应用于气象动力学 (湍流理论)、统计物理、废品统计及自动电话等方面; M. B. 凯尔迪什、恰普雷金、拉甫伦捷夫等将复函数论应用于水力学与航空技术; 索伯列夫、吉洪诺夫等将数理方程应用于弹性力学、地震学及石油勘探等. 卫国战争期间,苏联应用数学得到加速发展. 莫斯科学派的许多成员包括柯尔莫哥洛夫、M. B. 凯尔迪什、戈鲁别夫、刘斯铁尔尼克等都积极承担国防课题,有的 (如柯尔莫哥洛夫关于大炮自动控制的研究) 还立了功.

20 世纪 50 年代,苏联为了实施其核计划与空间计划,发展自动化、计算机技术,曾广泛动员了它的科学家. 莫斯科学派的数学家在这方面也发挥了重要作用. M. B. 凯尔迪什成为苏联空间计划的主要理论权威,他于 1953 年创办了苏联科学院数学研究所应用数学部,苏联卫星计划的轨道计算部分就是在这里进行的. 应用数学部后发展为独立的应用数学研究所,凯尔迪什任所长,莫斯科大学一些数学家被聘请到该所兼职. 例如, И. M. 盖尔芳特长期担任该所理论数学室主任,从事有关的理论研究,同时为空间计划和军事项目提供咨询; 吉洪诺夫也领导过该所的一个研究室,参与了与核计划有关的许多课题研究 (吉洪诺夫后任应用数学所所长) 等等.

莫斯科学派在应用方面的研究具有下列特点:

(1) 第一流数学家的重视和直接参与. 像柯尔莫哥洛夫、庞特里亚金、盖尔芳特这样一些理论大师,都对应用数学有同样强烈的兴趣并亲自深入某些应用领域做出了重大贡献.

(2) 解决具体问题与发展一般理论相结合. 莫斯科学派的数学家们在应用研究上,与实际部门既有联系,又有分工. 这就是说,他们不只是局限于解决实际部门提出的具体问题,而且着重从特殊上升到一般,概括出带有普遍性的应用数学理论,并反过来影响纯数学的研究. 控制论的研究是典型的例子. 苏联在这方面的探索是由两支不同的队伍进行的. 一支是工程师队伍,主要关心工程应用,提出数学问题和传送数学成果. 另一支则是数学家队伍,以庞特里亚金为首. 庞氏和他的合作者从 1956 年开始发表一系列最优控制理论的论文,并对这一理论做出了系统的综合 (包括庞特里亚金极大值原理的确立). 他们的工作是苏联发展自动化技术的一部分,其实际背景是明显的. 然而他们主要的兴趣是发展最优控制的一般理论,同时进行相关的微分方程稳定性理论研究,这一点也是明显的.

(3) 有重点的发展. 莫斯科学派在发展应用数学的过程中,曾把某些学科如控制论、微分方程和数值分析列为重点,吸引了大批年轻人才到这些领域工作,取得成果,进而推动应用数学面上的发展.

1957 年, 苏联第一颗人造卫星发射成功. 美国数学界当时在震惊之余, 曾由一些权威人士组成调研小组对苏联数学的状况进行了若干年全面的考查. 他们在 1962 年发表的研究报告中评述道: "苏联数学与美国数学在发展水平上大抵相当, 几乎没有哪个数学领域没有苏联数学家在工作并做出重要贡献", 并指出: "苏联在数学理论实际应用方面发展速度将超过美国. " 因此, 到 60 年代, 苏联数学理论与应用两方面在国际上占有重要地位是毋庸置疑了. 综上所述, 我们看到: 在苏联数学腾飞的过程中, 莫斯科学派的作用是突出的; 莫斯科学派的成长, 体现了重视

基础、理论与应用相互促进、全面发展的特点. 莫斯科学派, 作为现代
数学史上一个光辉的科学集体, 是当之无愧的.

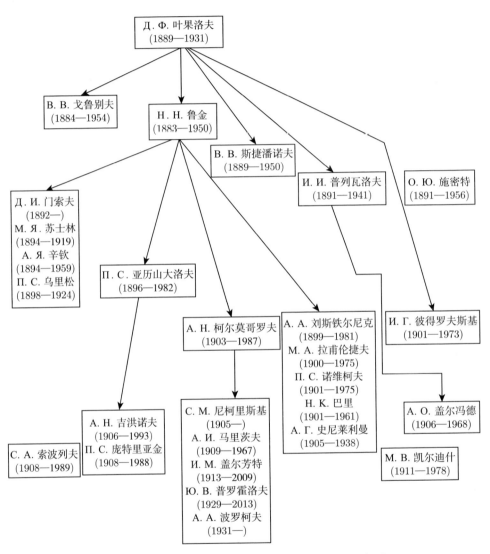

附图　莫斯科学派的数学家 (箭号表示师承关系)

参 考 文 献

[1] Александров П С. Математика в Московском Университете в Первой Половине XX Века, "Историко Математические Последования", Выпусх-VШ, ГИТТЛ, Москва, 1955: 9-54.

[2] Болгарский В В. Очерки по Истории Математики, 2 е иза.Минск 《Вищэ-ищая Щкола》, 1979.

[3] Lasalle J P, Lefschetz S. Recent Soviet Contributions to Mathematics. New York: The Macmillan Company, 1962.

[4] Alexandroff P S. In Memory of Emmy Noether, "Emmy Noether" ed. by J W Brewei, M K Smith, Marcel Dekker, 1981.

[5] 龚育之. 列宁、斯大林论科学技术工作. 中国科学院出版, 1954.

9 基础数学的一些过去和现状

席南华

　　本文试图通过人们对一些基本的数学研究对象如素数、圆、球、方程、函数等的探索历程展示基础数学的特点、部分思想和发展及现在活跃的一些研究方向.

　　谈论整个数学或者基础数学的发展趋势已经超出一个人的能力, 庞加莱和希尔伯特被认为是数学领域最后两个全才. 后来还有一些杰出的数学家如外尔、冯·诺依曼、柯尔莫格罗夫和 I. M. 盖尔范德等对纯数学和应用数学都做出巨大的贡献, 但现在这样的数学家也很难寻到了.

　　基础数学大致分为代数 (含数论)、几何、分析 (基于微积分的数学) 三部分, 但看一看前几届国际数学家大会的报告目录及其分组就知道现代数学的分支繁多, 各个部分之间的融合与交叉也是日趋深入. 有些方向是非常活跃的, 如代数几何、数论、表示理论、动力系统、偏微分方程、几何分析、调和分析、微分几何、微分拓扑、复几何、拓扑、组合、数学物理等等.

　　数学当然是研究数与形的科学, 也研究结构. 逻辑支撑着数学的大厦, 而逻辑本身也是数学研究的对象, 与计算机科学密切相关.

9.1 数学理论的起始

形是容易感知的, 我们一睁开眼睛就会看到各种各样形状的物体. 数却是一个抽象的概念, 但其形成也有很长历史了, 据考证和研究, 人类在洞穴时代就已经有数的概念了, 若干动物也有数的概念. 刚开始时, 实际的需要产生了加法、减法、乘法、除法等运算, 长度、面积等概念. 到公元前三千年, 数学的应用范围就很广了, 如税收、建筑、天文等. 数学从理论上系统研究始于古希腊人, 在公元前六百年至公元前三百年期间, 代表人物有毕达哥拉斯、欧几里得等. 欧几里得的《几何原理》采用公理化体系系统整理了古希腊人的数学成就, 两千多年来一直是数学领域的教科书, 其体系、数学理论的表述方式和书中体现的思维方式对数学乃至科学的发展影响深远.

9.2 数和多项式方程及相关的数学分支

我们认识数学基本上都是从数开始的, 然后是简单的几何与多项式方程. 数中间有无穷的魅力、奥秘和神奇, 始终吸引着最富智慧的数学家和业余爱好者. 多项式方程是从实际问题和数的研究中自然产生的. 在对数和多项式方程的认识和探究过程中, 代数、数论、组合、代数几何等数学分支逐步产生.

9.2.1 素数

素数有无穷多个, 在《几何原理》中有一个优美的证明. 素数是数学永恒的研究对象, 而且是最难以琢磨的数学研究对象, 很多最为深刻的数学都与素数 (或其复杂的其他形式如素理想等) 有关. 我们熟知的孪生素数猜想和哥德巴赫猜想, 到现在仍未解决, 孪生素数猜想的巨大突破由张益唐做出 (二〇一四年发表, 二〇一三年完成), 哥德巴赫猜想目前最好的结果是陈景润的 (一九七三年发表证明, 一九六六年发表了概要). 但奇数哥德巴赫猜想由维诺格拉多夫于一九三七年基本解决. 哈代-李特尔伍德猜想是比孪生素数猜想更强的猜想.

对于素数在自然数中的比例, 有著名的素数定理, 曾是勒让德的猜想 (一八〇八), 阿达马和德拉瓦勒-普森最先分别证明该定理 (一八九六). 一九四九年塞尔贝格和埃尔德升分别给出素数定里的初等证明. 这是塞尔贝格获一九五〇年菲尔兹奖的重要工作之一.

二〇〇四年陶哲轩和本·格林合作证明了存在任意长的等差素数数列. 这项工作极大地激发了人们对解析数论的新热情, 也是陶获二〇〇六年菲尔兹奖的重要工作之一.

二〇一五年以来, 梅纳德在素数间距上有若干突破性的工作, 也显著改进了张益唐的工作, 另外与他人合作在丢番图逼近上取得重大进展, 因为这些工作, 他于二〇二二年获得菲尔兹奖.

十八世纪欧拉对素数有无穷多个给出一个深刻的证明, 他用到无穷级数 $1 + 2^{-1} + 3^{-1} + \cdots$ 的发散性. 他还对实数 s 考虑了级数 $1 + 2^{-s} + 3^{-s} + \cdots$. 一八五九年, 为研究素数的分布, 黎曼对复数 s 考虑这个级数, 证明了它可以延拓成复平面上的亚纯函数, 现称为黎曼 ζ 函数, 给出了函数方程, 建立了这个函数的零点和素数分布的联系, 提出了著名的黎曼猜想. 这个猜想断言黎曼 ζ 函数的零点除平凡的外实部均为二分之一. 黎曼对素数和 ζ 函数的研究工作影响深远. 一般认为黎曼猜想是数学中最有名的猜想, 也是克雷数学研究所的悬赏百万美元的千禧年问题之一, 自它提出之时起就在数学研究中占有突出的位置, 很多问题与它有关, 还与算子代数、非交换几何、统计物理等有深刻的联系, 在阿达马和德拉瓦勒-普森对素数定理的证明中起关键的作用.

黎曼的工作对 L 函数和代数几何也有巨大的影响. L 函数已是数论的一个中心研究对象, 与分析、几何及表示论的联系极深, 其在一些特殊点的值含有很多深刻的算术信息. 我们先从狄利克雷的 L 函数说起.

9.2.2 *L* 函数和朗兰兹纲领

对有限循环群的特征, 狄利克雷构造了与黎曼 ζ 函数类似的函数, 现称为狄利克雷 L 函数. 利用这些函数, 他证明了一个有趣的结论——很多算术数列含有无限多个素数. 具体说来就是: 如果两个正整数 a 和 m 互素, 那么算术数列 $a + m, a + 2m, a + 3m, \cdots, a + km, \cdots$ 里有无穷多个素数.

后来阿丁对数域的有限扩张域的伽罗瓦群的表示, 类似地也定义了一类 L 级数并解析延拓得到一个 L 函数, 现称为阿丁 L 函数. 利用这些 L 函数, 他证明了交换类域论里面很有名的阿丁互反律. 20 世纪六七十年代朗兰兹想把阿丁的工作延伸到非交换的类域论去. 雅各和朗兰兹对 p-进域上的简约代数群的不可约表示和整体域上的简约代数群的自守表示也定义了 L 函数. 朗兰兹给出了一系列的猜想, 这就是现在非常热闹的朗兰兹纲领.

这个纲领的中心是函子性 (functoriality) 猜想, 该猜想描述了不同代数群的自守表示之间深刻的联系. 函子性猜想蕴涵了很多著名的猜想, 如阿丁猜想, 拉玛努金猜想, 佐藤-塔特猜想等. 函子性猜想的一个重要特殊情况是朗兰兹互反律, 或说朗兰兹对应. 通过整体域上简约代数群的自守表示定义的 L 函数称为自守 L 函数. 还有一种 L 函数称为母题 (motivic) L 函数, 是哈塞-韦伊 L 函数的推广, 例子包括阿丁 L 函数和哈塞-韦伊 L 函数. 本质上朗兰兹纲领的中心问题就是证明所有的母题 L 函数均是自守 L 函数.

在最简单的情形, 函子性猜想就是阿丁互反律, 类域论的实质. 函子性猜想仅在一些很特别的情形得到证明, 离完全解决遥远得很. 但对函数域上的一般线性群, 拉佛格在二〇〇二年证明了朗兰兹的互反律猜想 (即建立了朗兰兹对应), 并因此获得当年的菲尔兹奖. 二〇一〇年发表的基本引理的证明也是这个纲领中的一个巨大进展, 有意思的是来自代数群表示论的仿射斯普林格纤维和因研究可积系统而产生的希钦纤维化之间的联系在吴宝珠的证明中起了一个关键的作用. 吴宝珠因其对基本引理的证明获得二〇一〇年的菲尔兹奖.

研究函子性猜想的重要工具是塞尔贝格-亚瑟迹公式. 塞尔贝格迹公式一九五六年得出, 与黎曼 ζ 函数的联系导致他引进了塞尔贝格 ζ 函数. 塞尔贝格迹公式后由亚瑟在一九七四年至二〇〇三年间做出各种推广, 它在数学物理中也有很好的应用.

如同黎曼 ζ 函数, 人们对一般的 L 函数在实部为二分之一的那条直线的值是很感兴趣的. 对自守 L 函数, 文卡特什运用表示论和遍历理论的工具在这条直线的亚凸问题上带来重要的突破, 并且与他人合作对二级一般线性群给出的自守 L 函数建立了亚凸界, 这些工作是他二〇一八年获菲尔兹奖的工作的重要组成部分.

9.2.3 一元高次方程和群论

人们很早就会解一元一次方程和一元二次方程, 一元三次方程和四次方程的公式解在十六世纪被找到. 在尝试得到更高次方程的根式解时, 数学家的探索失败了, 其中包括十八世纪一流的数学家拉格朗日. 答案原来是否定: 一八二四年挪威数学家阿贝尔证明了五次及更高次的方程一般没有根式解. 稍后几年法国数学家伽罗瓦给出的证明影响深远, 一个重要的数学分支——群论因此而诞生. 我们可以简单说一下伽罗瓦的证明. 五个人排队的排法有一百二十种, 一种排法按另一种方法重排就会产生第三种排法, 于是这一百二十种排法成为一个群, 而且是不可解的, 所以五次及更高次的方程一般没有根式解.

群论的影响几乎遍及整个数学, 在物理和化学及材料科学中有很多的应用, 是研究对称的基本工具. 一八七二年克莱因提出著名的埃尔朗根纲领, 用群来分类和刻画几何, 对几何的发展影响巨大. 拓扑学中同调群和同伦群是极其重要的研究工具和研究对象. 代数几何中的阿贝尔簇是一类特别重要的几何对象. 很多空间具有一些自然的群作用, 从而可以作相应的商空间. 这些商空间在几何、数论和表示论中极其重要. 齐性空间和志村簇是其中两类例子, 几何不变量则是一个有关的重要数学分支.

群论自身的研究同样是非常深刻的. 二十世纪一项伟大的数学成就是对有限单群的分类. 这是一项庞大的工作, 第一个证明主要的工作发表于一九六〇年至一九八三年期间, 前后有一百多位数学家参与, 数百篇发表的论文, 总长度超过一万页. 到二〇〇四年, 群论专家完成第二个证明, 总长度也有五千页. 现在, 他们正试图进一步简化. 汤普森因其在单群分类中的杰出工作于一九七四年获菲尔兹奖, 他最出名的工作是与费特合作证明了伯恩赛德猜想: 非交换的有限单群的阶是偶数, 论文发表于一九六三年, 占了太平洋数学杂志整个一期. 阿西巴赫因其在有限单群分类的杰出工作获二〇一二年沃尔夫奖. 在有限单群中有一个非常大的单群, 称为魔群, 其中元素的个数大约是 8×10^{53}, 与数学中的月光猜想密切相关. 一九九二年波谢兹证明了这个猜想, 为此他引进了广义卡茨-穆迪代数, 与他人一起引进了顶点算子代数. 现在, 这些代数都是重要的研究对象. 主要因为这项工作, 波谢兹于一九九八年获菲尔兹奖.

如果把所有整系数的一元多项式方程的根放在一起, 我们得到一个数的集合, 比有理数全体大, 称为有理数域的代数闭包. 有理数域的代数闭包的绝对伽罗瓦群及其表示的研究是现代数学尤其是数论中极其重要的研究课题.

如果一个数不是任何整系数一元多项式的根, 则称这个数是超越数, π 就是一个超越数. 超越数的研究也是数论的重要组成部分, 贝克尔曾因对超越数的研究获得一九七〇年的菲尔兹奖. 一些自然产生的数如某些无穷级数的和与某些函数的值等是否为超越数是人们特别感兴趣的.

在群论中, 李群和代数群的理论与其他数学分支的联系十分广泛和深刻. 群表示论, 尤其是李群和代数群的表示论是现在非常活跃的分支. 李群和代数群的离散子群特别有意思, 与数论和遍历论等分支的联系极密切, 马古利斯因其在半单李群的离散子群上的深刻工作获得一九七八年的菲尔兹奖.

9.2.4 不定方程和数论

不定方程是数论研究的中心对象之一. 直角三角形三边的关系 $X^2 + Y^2 = Z^2$ 就是一个不定方程, 它与圆方程类似. 它有很多的整数解, 勾三股四弦五就给出一组. 一般的解很容易给出: $X = a^2 - b^2, Y = 2ab, Z = a^2 + b^2$, 其中 a, b 是任意整数. 高次的情形就是方程 $X^n + Y^n = Z^n$, 其中 n 是大于二的整数. 一六三七年, 费马在一本书内的边页写道他有一个此方程无非平凡整数解的证明, 但太长, 边页空白处写不下. 人们怎么也没找出费马说的那个证明, 一般认为费马在书中注记说的证明可能有问题, 于是此方程无非平凡整数解成为一个猜想, 称为费马大定理问题. 这个猜想一直吸引着数学家的强烈兴趣, 费马本人对四次的情形的证明流传下来, 三次的情形是欧拉在一七七〇年证明的, 五次的情形于一八二五年由勒让德和狄利克雷独立证明, 等等. 十九世纪库默尔对这个问题的研究导致了代数数论的诞生. 一九二〇年, 莫德尔提出一个猜想: 有理数域上亏格大于一的代数曲线的有理点只有有限多个. 这个猜想被法尔廷斯于一九八三年证明, 它蕴含了费马的方程在 n 比二大时至多存在有限多个本原整数解. 法尔廷斯主要因此获得一九八六年的菲尔兹奖. 费马大定理最后在一九九五年被怀尔斯证明, 这是二十世纪一项伟大的数学成就. 代数数论现在是非常有活力的数学分支.

在怀尔斯对费马大定理的证明中, 椭圆曲线起了关键的作用. 椭圆曲线的方程其实很简单: $Y^2 = X^3 + aX + b$, 其中 a, b 是常数, 如 $1, 2$ 等等. 它们有群结构, 在射影空间中的几何图形就是环面, 与汽车轮胎一个形状. 对椭圆曲线也能定义 L 函数. BSD 猜想断言这个 L 函数在 1 处的值与椭圆曲线的群结构密切相关. 这个猜想是克雷数学研究所悬赏百万美元的千禧年问题之一, 自然是数学的研究热点之一.

BSD 猜想还和一个古老的问题有关. 如果考虑方程 $X^2 + Y^2 = Z^2$ 的正数解, 那么解是一个直角三角形的三个边长. 有一个古老的问题: 什么时候这个三角形的面积 $XY/2$ 是整数, 而且 X, Y, Z 都是有理数.

这样的整数称为和谐数或同余数 (congruent number). 数组 (3,4,5) 和 (3/2, 20/3, 41/6) 是方程的解, 所以 6 和 5 都是和谐数. 塔奈尔一九八三年的一个结果告诉我们如果 BSD 猜想成立, 有可行的计算办法判定一个整数是否为和谐数.

椭圆曲线还与数的几何密切相关. 巴嘎瓦在数的几何中发展了一些强有力的方法, 并把这些方法用于小秩环的计数和估计椭圆曲线的平均秩. 他因此于二〇一四年获菲尔兹奖.

9.2.5　多项式方程和代数几何

我们已经看到解方程, 哪怕是一个一元的或简单的二元方程, 都不是容易的事情, 其研究给数学已经而且还要带来巨大的发展. 多项式方程组的求解显然是更为困难, 甚至一般说来是毫无希望的. 我们需要换一个角度, 把一组多项式方程的零点集看作一个整体, 就会得到一个几何空间, 称为簇. 研究簇的数学分支就是代数几何, 一个庞大深刻又极富活力的分支. 我们读中学时就知道一个二元一次方程和直线是一回事, $X^2 + Y^2 = 1$ 则是单位元圆周的方程. 代数几何的踪迹可以追溯到公元前, 十七世纪笛卡儿建立的解析几何可以看作是代数几何的先声.

代数几何的中心问题是对代数簇分类. 但这个问题太大太难, 现阶段没希望完全解决, 人们只能从不同的角度考虑更弱的问题. 一维的情形是代数曲线, 其分类很容易, 在十九世纪就知道光滑的射影曲线可以用他们的亏格来分类, 这时还有著名的黎曼-罗赫定理. 大约在一八八五年至一九三五年期间, 代数几何史上著名的意大利学派对二维的情形研究了分类, 也得到了二维情形的黎曼-罗赫定理. 意大利学派的特点是几何直观思想丰富深刻, 后期的工作严格性不足. 后来, 二十世纪四五十年代韦伊和查里斯基用新的语言严格表述代数几何的基础. 小平邦彦和沙法列维奇及其学生在二十世纪六十年代重新整理了代数曲面的分类. 小平在代数几何和复流形上的工作十分有影响, 早在一九五四年, 他就获得菲尔兹奖, 沙法列维奇在代数数论和代数几何上都做出重要的贡献,有著名的沙法列维奇猜想，至今未解决．

曼福德和邦别里在二十世纪六七十年代把意大利学派对曲面的分类工作做到了特征 p 域上．曼福德在代数几何方面的贡献是多方面的，构造了给定亏格的曲线的模空间、几何不变量的研究等，因为这些贡献，他于一九七四年获菲尔兹奖．邦别里则因其在解析数论、代数几何和分析数学上的杰出工作于一九七四年获菲尔兹奖．

三维情形的分类直到二十世纪八十年代才由日本数学家森重文完成，他因此于一九九〇年获菲尔兹奖．如何把这些分类的工作推广到高维的情形是非常活跃的研究方向，其中森重文等人提出的极小模型纲领最为人关注．比尔卡与合作者对很宽泛的一类奇点建立了极小模型和典范模型，进而比尔卡证明了法诺簇的有界性，他因这些工作于二〇一八年获菲尔兹奖．

前面提到的黎曼-罗赫定理是极其重要的定理，它计算了某些函数空间的维数．一九五四年希茨布茹赫把它推广到高维，现称为希茨布茹赫-黎曼-罗赫定理．这是他最为人知的工作，其实他对拓扑、复分析和代数几何都做出重要的贡献，一九八八年获沃尔夫奖．希茨布茹赫-黎曼-罗赫定理很快被格罗登迪克进一步推广成格罗登迪克-希茨布茹赫-黎曼-罗赫定理．为此，格罗登迪克定义了 K 群，这是 K 理论的开始．后来阿梯亚和希茨布茹赫发展了拓扑 K 理论，它被阿梯亚和辛格用于证明阿梯亚-辛格指标定理．希茨布茹赫-黎曼-洛赫定理也是一九六三年出现的阿梯亚-辛格指标定理的先声．阿梯亚于一九六六年获菲尔兹奖，这个指标定理是他最为有名的结果．K 理论已成为代数、数论、几何、拓扑等分支的重要工具，奎棱因为在二十世纪七十年代建立了高阶 K 理论而于一九七八年获菲尔兹奖，沃尔沃兹基因其对米尔诺关于 K 群的一个猜想的证明和相关的工作获得二〇〇二年菲尔兹奖．

对有限域上的代数簇，韦伊一九四九年提出了一个猜想，其中一部分可以看作黎曼猜想在有限域上的形式，对以后代数几何的发展影响巨大，包括塞尔和格罗登迪克在代数几何上的工作．二十世纪五六十年代格罗登迪克用概型的语言改写了代数几何, 在此基础上极大地发展了代数几何, 包括为证明韦伊猜想而建立的 ℓ 进制上同调理论. 他于一九六六年获菲尔兹奖. 他的思想和工作对代数几何与数学的发展产生了深远的影响. 一九七四年格罗登迪克的学生德林用 ℓ 进制上同调证明了韦伊猜想中的黎曼假设部分并主要因此于一九七八年获菲尔兹奖.

韦伊的工作把数论和代数几何深刻地结合在一起, 沿着这个方向以后逐步发展起来算术 (代数) 几何, 其特点是以解决数论中的问题为导向研究代数几何. 算术几何在解决莫德尔猜想和费马大定理中都发挥着重要的作用. 舒尔茨建立了完美拓 (perfectoid) 空间理论、发展了 p-进霍奇理论和新的上同调方法, 这些工作深刻地改变了 p-进域上的算术代数几何, 他也因此于二〇一八年获得菲尔兹奖.

如果一个代数簇有奇点, 那么很多对研究无奇点的代数簇有效的工具就失效了. 一九六四年広中平祐找到一个办法解消奇点, 为此他于一九七〇年获得菲尔兹奖. 几何中的奇点非常有意思, 常常蕴含了丰富的信息, 与其他的分支有出人意料的联系, 如舒伯特簇的奇点和李代数的表示的联系就是一个例子.

许埈珥把霍奇理论和奇点理论思想引入组合理论, 与他人合作解决了组合理论若干重要的问题如几何格的道林-威尔逊猜想、拟阵的赫容-罗塔-威尔士猜想等, 于二〇二二年获得菲尔兹奖.

9.2.6 群和李代数的表示理论

前面我们看到因为一元高次方程的研究产生了群论, 它的应用很广泛. 很多时候, 群是通过它的表示应用到其他分支和领域. 表示在数学中间是随处可见的, 比如说我们熟悉的多项式环、分析里面的平方可积函数空间、拓扑里面的上同调群和 K-群等等, 就有丰富的表示结构. 在物理和化学中也很常见, 例如在单粒子模型中, 单电子的轨道波函数生成三阶正交群的表示, 自旋波函数生成二阶酉群的表示. 20 世纪 60 年代吉尔-曼用三阶酉群的十维表示预言了 Ω 粒子的存在, 后来很快被实验证实.

群表示理论是一个庞大而且非常活跃的研究领域, 在数学和物理中应用广泛. 李群和代数群在单位元处的切空间是李代数, 可以看作李群和代数群的线性化. 李代数和相关的代数如顶点算子代数等及其表示同样在数学和物理中应用广泛. 有限群的表示可以通过其群代数的模来研究. 过去几十年, 代数的表示论有很大的发展, 尤其是林格尔发现代数表示论与量子群的联系之后. I. M. 盖尔范德似乎对这个领域有独特的感受, 曾经说 "所有的数学就是某类表示论" (All of mathematics is some kind of representation theory). 他是伟大的数学家, 从研究的广度和深度来说, 二十世纪后半叶能和他相提并论的数学家是非常少的, 对表示论做出的贡献广泛深刻.

表示论的基本的思想有两点: 一个是对称, 一个是线性化. 这个领域关心的主要问题有: 最基本的表示的性质, 如分类、维数、特征标等; 一般的表示如何从最基本的表示构建; 如何构造最基本的表示; 一些自然得到的表示的性质; 等等. 大致说来表示论就是要弄清楚这些事情.

表示论一直吸引着最优秀的数学家, 早期如索菲斯•李, E. 嘉当 (陈省身先生的老师), 外尔, 后来有 I. M. 盖尔范德, 哈里西-钱德拉, 塞尔贝格等, 现在有朗兰兹, 卡兹但, 俊菲尔德, 拉佛格, 路兹梯格, 吴宝珠, 等等. 奥昆寇夫的工作揭示了概率论、表示论和代数几何之间的一些深刻联系, 并因此获二〇〇六年菲尔兹奖.

表示论过去几十年的发展可能给人印象最深的是几何方法在代数群和量子群表示理论中的运用并由此产生的几何表示论、用表示论研究数论的朗兰兹纲领和一个平行的几何朗兰兹纲领、李 (超) 代数及其表示的发展与在理论物理和数学物理中的应用 (包括标准模型), 还有近二十年的一股范畴化潮流. 另外, 传统的李群表示理论、代数表示论和有限群的模表示论也是很活跃的. 这些依然是表示论的主要研究方向. 几何中的相交上同调、反常层理论和 K 理论在表示论中的运用给表示论带来巨大的进展, 很多困难的问题得到解决, 也带来了很多新的研究

课题. 这个方向的一个代表性人物是路兹梯格. 正是用几何的方法, 他
建立了有限李型群的特征标理论, 或许这是目前有限群表示理论中最为
深入的部分. 因在表示论上开创性的工作, 路兹梯格于二〇二二年获沃
尔夫奖.

9.2.7 计数、集合论和数理逻辑

计算一些物品的数量当然是我们日常生活经常要做的事情. 对有限
集合, 确定其中元素的个数理论上不是问题, 一个一个数就行了. 组合论
的一部分就是研究计数, 和数论密切相关. 但对无限集合, 事情显然并不
简单. 例如某人有个面积无穷的王国, 国土增加一两平方千米的面积对
他显然没什么意义. 无限集合的计数理论是德国人康托在十九世纪后半
叶建立的, 称为集合论. 其中一个核心的概念是等势: 两个集合称为等
势的如果它们之间能建立一一对应. 有意思的一件事情是自然数集合和
有理数集合等势, 但与实数集合不等势. 一八七四年, 康托尔提出有名的
连续统假设: 实数集合的任何无穷子集要么与实数集合等势, 要么与自
然数集合等势. 一九四〇年哥德尔证明了这个假设与现有的公理体系不
矛盾. 二十世纪六十年代, 科恩建立了强有力的力迫法, 证明了连续统假
设之否与现有的公理体系不矛盾, 他因为这项工作获得一九六六年的菲
尔兹奖.

现代数学是建立在集合论上的, 集合论也是数理逻辑的重要组成部
分. 连续统假设表明我们的逻辑体系并不能对每一个陈述断定真伪. 事
实上更早以前就有各种各样的悖论和哥德尔的不完全定理表明数学逻
辑体系的危机. 数学家为补救这些缺陷做了巨大的努力, 这包括罗素和
怀特海德的三大卷《数学原理》等. 罗素获得一九五〇年的诺贝尔文学
奖. 与数理逻辑密切相关的一个问题是 P 和 NP 问题, 这是克雷数学研
究所的千禧年问题之一, 也是理论计算机科学领域最有名的问题. 简单
说, P 和 NP 本质上问的是如下事情: 给了一些整数, 能否有很快捷的方
法 (即多项式时间算法) 判断这些整数的某一部分的和为零.

模型论是数理逻辑的一个分支, 在代数和代数几何有深刻的应用, 有些代数几何的结果还是最先用模型论发现并证明的. 赫鲁晓夫斯基一九九六年用模型论证明了函数域上的莫德尔-朗猜想, 名噪一时.

 ## 9.3 形与几何、拓扑

最简单的形无疑是线段、直线、多边形、多面体、圆、球、椭圆、抛物线、双曲线等, 它们也是几何与拓扑的起点, 人类很早就研究它们了. 我们做一点简单的游戏: 多边形的顶点的个数等于边的个数, 凸多面体的面的个数加上顶点的个数等于棱的个数加二. 后一个等式称为欧拉公式, 虽然并不是欧拉最早发现的. 这些公式被认为是拓扑学的起源. 拓扑学研究几何空间的整体性质, 就是说那些在连续变形下不变的性质, 是数学的主流分支, 在数学的其他分支和物理中的应用极其广泛, 有时是研究一些问题必不可少的工具, 如广义相对论中的一般性的时空奇点定理就是彭罗斯把拓扑学引入广义相对论而证明的.

如果把多面体的棱角磨平, 再整理一下, 我们就得到球了. 欧拉公式本质上是说球面的欧拉示性数等于二. 一个几何空间的欧拉示性数是通过空间的同调群定义的. 球面当然是一个光滑的曲面. 对于一般的光滑曲面, 有高斯-伯内特公式, 它把曲面的曲率和欧拉示性数联系起来, 从而把微分几何与拓扑联系起来, 非常深刻, 对以后数学的发展影响很大. 二十世纪四十年代, 阿冷多尔费尔和韦伊把它推广到高维的情形. 陈省身对高维情形的高斯-伯内特公式的证明则是整体微分几何一个开端, 影响深远.

上面提到同调群, 它们是研究拓扑的主要手段之一, 也是代数拓扑研究的主要对象之一. 为了不同的目的, 人们定义了各种各样的同调群和上同调群. 在好的空间如流形上, 这些 (上) 同调群都是一样, 而且有著名的庞加莱对偶. 但对有奇点的空间, 如何定义好的 (上) 同调群, 花了人们很长的时间. 直到二十世纪八十年代, 高热斯基和曼可菲森才找到对空间奇点研究很有意义的一种上同调, 称为相交上同调. 后来伯恩斯坦、贝林森和德林三人用层的语言处理相交上同调, 形成了反常层理论. 很快相交上同调和反常层理论成为研究代数几何、拓扑和表示论的强有力工具. 夫洛尔同调在低维拓扑和辛几何中是有力的研究工具, 它是夫洛尔为研究辛几何中的阿诺德猜想而引进的.

同调群中有一些特别的元素对研究认识空间的几何结构非常重要, 这些元素就是示性类. 最著名的示性类有陈类、史提芬-惠特尼类、庞特列亚金类等. 对光滑的复代数簇的德拉姆上同调, 其中一些元素称为霍奇类. 代数几何中一个未解决的主要问题是霍奇猜想, 它断言霍奇类都是一些代数圈类的有理线性组合, 这也是克雷数学研究所的千禧年问题之一.

圆和球是我们熟悉的基本形状, 在数学上的意义是非凡的. 圆周在三维空间的嵌入称为纽结. 通俗说来纽结就是一根首尾相连的柔软绳子, 在不弄断绳子, 也不打结的情况下, 它在三维空间中的各种样子. 纽结理论是拓扑学中非常活跃的分支, 一个重要的问题是寻找纽结不变量. 二十世纪二十年代发现的亚历山大多项式是纽结不变量, 纽结补的基本群是纽结不变量, 称为纽结群. 二十世纪七十年代, 瑟斯顿把双曲几何引入纽结的研究中, 从而定义了新的有力的不变量. 二十世纪八十年代琼斯发现了新的多项式不变量——琼斯多项式. 威腾和孔策维奇等人一系列的后续工作则揭示了纽结和统计力学、量子场论之间的深刻联系. 琼斯多项式是琼斯一九九〇年获菲尔兹奖的重要工作之一. 图拉耶夫等人用量子群研究纽结, 得到新的不变量, 很有影响. 以上是圆周给我们带来的深刻数学的一部分. 下面我们看一下高维的情形——球面.

关于球面, 最有名的应该是庞加莱一九〇四年提出的猜想, 它断言一个单连通的闭三维流形与球面同胚. 在二〇〇三年被解决前, 这个猜想是拓扑学中的一个中心问题. 在此之前, 数学家做过很多的努力. 既然三维的情形证明不了, 人们就对高维的情形考虑类似的问题. 一九六一年, 斯梅尔证明了当维数大于四时, 高维的庞加莱猜想成立, 因此他获得一九六六年的菲尔兹奖. 一九八二年弗里德曼对四维的情形证明了庞加莱猜想, 于是他获得一九八六年的菲尔兹奖. 庞加莱猜想最后在二〇〇三年被佩雷曼证明, 这是轰动一时的结果, 标志了数学中一个大问题的终结, 也是克雷数学研究所七个千禧年问题中到目前为止唯一被证明的. 佩雷曼证明这个猜想所用的工具是非常有意思的, 那就是几何分析. 几何分析是微分几何与微分方程的交叉学科, 丘成桐, 后来还有哈密顿等人在其中的建立和发展起了突出的作用, 是一个有力的工具, 也是非常活跃的研究方向. 二〇〇七年布仁德尔和舍恩用几何分析的方法证明了微分球定理, 是流形理论中一个重要结论.

球面带来的深刻数学还很多. 一九五六年, 米尔诺发现七维球面上有非标准的微分结构. 这一发现对拓扑学的发展影响很大, 是米尔诺最有名的工作, 也是他一九六二年获菲尔兹奖的主要工作之一. 六维球面是否有复结构则是困扰数学家很多年的一个问题, 至今未解决. 球面的同伦群也是拓扑学研究的重要问题, 至今未完全解决. 二十世纪五十年代初, 塞尔成功计算了球面的很多同伦群, 这是他获一九五四年菲尔兹奖的重要工作之一. 同伦群现在仍是拓扑学研究的一个主要方向.

在几何与拓扑中, 一个基本问题是对流形分类. 流形有各种各样的, 如拓扑流形、微分流形、复流形、黎曼流形、辛流形、无穷维流形等等, 这里面的问题和结果都是非常丰富的. 闭二维拓扑流形是曲面, 其分类很早就知道, 结果很漂亮: 可定向闭曲面的同构类由曲面的亏格完全确定, 不可定向的闭曲面则同胚于一些实射影平面的连通和. 曲面的亏格就是曲面所围的空洞的个数, 如汽车轮胎是亏格为 1 的曲面, 它只围了一个空洞.

黎曼面是一维的复流形, 一直是非常重要的研究对象. 米扎哈尼因其在黎曼面及其模空间的动力系统和几何上的杰出工作获得二〇一四年菲尔兹奖. 她是第一位获此奖的女性.

三维流形的研究中, 瑟斯顿的工作非常重要, 他发现双曲几何在三维流形的研究中起突出的作用. 瑟斯顿提出的几何化猜想是比庞加莱三维球面猜想更广泛的猜想, 后与庞加莱猜想一起得到证明. 瑟斯顿因其在三维流形上的开创性工作获得一九八二年的菲尔兹奖.

9.4 切线、面积、速度、加速度等和微积分、分析数学

我们会求一些简单图形如多边形、圆等的面积, 也会求圆的切线, 但对更复杂的图形, 这就不是一件容易的事情了. 在物理中, 对于非匀速运动, 求加速度和路程同样不是一件容易的事情. 对这些问题探索最后导致牛顿和莱布尼茨在十七世纪分别独立建立了微积分. 用微积分我们能轻易求出一些复杂图形的面积、体积, 确定物体的加速度、路程, π 的精确值, 等等. 微积分及在其上发展起来的分析数学成为认识和探索世界奥秘最有力的数学工具之一, 为数学带来全面的大发展, 促进了很多新分支的产生如解析数论、实分析、复分析、调和分析、微分几何、微分拓扑、微分方程等等.

微积分的基本概念有极限、微分和积分, 分析数学的基本研究对象是函数. 一九二七年物理学家狄拉克在研究量子力学时引进了 δ 函数, 它不是经典意义下的函数, 给当时的数学家带来很大的困惑. 施瓦兹建立的分布理论使得 δ 函数变得容易理解并能严格处理, 他因此获一九五○年的菲尔兹奖. 分布理论在现代偏微分方程理论中极其重要.

正弦函数和余弦函数都是周期函数. 傅里叶认为它们是描述周期运动的基本函数并在十九世纪初建立了相应的理论, 现称为傅立叶分析. 傅立叶分析及其更一般的理论调和分析是内容非常丰富且应用很广泛的数学分支. 如果注意到正弦和余弦函数可以看作圆周上的函数并把单位圆周与模长为一的复数等同起来, 就知道傅立叶分析与李群表示论是密切相关的. 卡尔松因其在调和分析上的重要工作于一九九二年获沃尔夫奖, 特别他理清了函数与其傅立叶级数表示的关系. 陶哲轩在调和分析上的工作也是他获菲尔兹奖的工作的一部分. 李群和拓扑群上的调和分析是一个重要的分支, 与泛函分析密切相关, 在数论中的深刻应用使人惊叹.

大自然很多的奥秘是通过微分方程表述的, 描写电磁运动的麦克斯韦方程, 描写微观世界的薛定谔方程, 描写流体运动的纳维尔-斯托克斯方程, 描写宏观世界的爱因斯坦方程, 等等. 这些方程都是非线性微分方程, 有很多人研究, 纳维尔-斯托克斯方程是否有整体光滑解则是克雷数学研究所的千禧年问题之一.

在线性偏微分方程上, 赫曼德的工作可能是最深刻和突出的, 他因此获得一九六二年的菲尔兹奖. 从解线性偏微分方程发展起来的 D 模理论不仅在偏微分方程的研究中十分有用, 在表示论的研究也发挥了巨大的作用, 柏原正澍建立的黎曼-希尔伯特对应很重要.

P.-L. 里翁斯在非线性方程上的杰出工作使他获得了一九九四年的菲尔兹奖. 丘成桐发展了一些强有力的偏微分方程技巧用以解决微分几何的一些重要问题如卡拉比猜想等, 在这些工作的基础上, 几何分析逐步发展起来. 因为这些工作, 丘获得一九八二年的菲尔兹奖, 另外, 他的工作在理论物理和数学物理中有极大的影响. 偏微分方程领域引人入胜的深刻问题比比皆是, 一流的数学家很多, 如拉克斯、卡发热利等等. 过去这些年, 随机偏微分方程发展迅速, 最优传输理论成为偏微分方程的研究的一个有力工具. 海热尔因其在随机偏微分方程方面的工作尤其是建立了这类方程的正则性理论获得二〇一四年菲尔兹奖; 菲加利因与他人合作利用最优传输理论在蒙日-安培方程的解的正则性上做出突破性的工作等获得二〇一八年菲尔兹奖.

只有一个独立变量的微分方程称为常微分方程, 很多这类方程来自经典力学, 如牛顿第二定律, 独立变量很多时候就是时间. 混沌理论来自常微分方程的研究. 事情起源于十九世纪末, 自十七世纪以来人们一直试图弄清太阳系行星运行轨道的稳定性. 如果只有两个星球, 那么牛顿的万有引力定律很容易导出星球的轨道行为, 但太阳系是多体的, 极其复杂. 庞加莱想先把三体问题解决, 但发现问题太困难, 清楚写出微分方程的解是没希望的, 只能考虑解的定性研究, 发现解的混沌性. 对一些微分方程的解混沌性，有一个通俗的说法——蝴蝶效应，意指在一定的约束下，刚开始时很小的差别可以导致后来巨大的差异. 混沌理论的应用十分广泛，气象预报是其中之一. 三体问题的一个幂级数解在一九一二年由逊德曼给出，但对初始值有很强的要求，而且收敛得很慢. 逊德曼的结果被王秋东 (音译) 在一九九一年推广到多体的情形，但没考虑奇点问题.

常微分方程解的定性研究与动力系统密切相关. 太阳系的运动是一个动力系统 (运动和力之间关系的系统)，由万有引力决定，所以是一个常微分方程的动力系统，庞加莱对太阳系和三体问题的研究是动力系统史上非常重要的工作. 动力系统是很活跃的研究领域，其中一个研究方向是复动力系统，研究函数的迭代. 约科兹因其在动力系统的杰出工作获一九九四年菲尔兹奖. 曼克木棱在复动力系统方面的重要工作是他获一九九八年菲尔兹奖的原因之一. 部分因其在动力系统方面的重要工作，斯米尔诺夫获得二零一零年菲尔兹奖. 阿维拉因其在动力系统上的深刻工作于二〇一四年获菲尔兹奖. 研究有不变测度的动力系统的分支称为遍历论，与调和分析、李群及其表示、代数群、数论有密切的联系. 林德施特劳斯因其在遍历论中的出色工作获得二〇一〇年的菲尔兹奖，另外马古利斯获一九七八年菲尔兹奖的工作中遍历论起了重要的作用.

在十九世纪对常微分方程的研究导致了李群和李代数的诞生，后者在数学和物理中的应用广泛深刻.

无限维空间上的分析是泛函分析，巴拿赫空间和希尔伯特空间及其上面的算子是基本的研究对象，其中的希尔伯特空间对量子力学有着基本的重要性. 泛函分析的重要一支是算子代数，与表示论、微分几何等有深入的联系. 孔内斯因对一些算子代数的分类获得一九八二年的菲尔兹奖. 他还把泛函分析引入非交换微分几何的研究中. 高韦尔斯主要因其在巴拿赫空间上的重要工作获一九九八年的菲尔兹奖.

 9.5 数学物理

物理一直是给数学发展带来最为强大推动力量的学科, 在这里有着无穷无尽的问题, 提供非常鲜活、生动的思想, 它永远给数学带来很多特别深刻的东西. 弦理论、量子场论和规范场论是非常活跃的领域. 弦理论能统一四种基本的作用力, 把量子力学和相对论统一起来. 卡拉比-丘流形在超弦理论中非常重要, 因为额外的时空被认为是六维卡拉比-丘流形. 杨-米尔斯理论是一种规范场论, 共形场论则是一种量子场论.

二十世纪八十年代初期, 唐纳森利用杨-米尔斯理论中的方程的一类特别的解, 称为瞬子, 研究四维流形的微分结构, 证明了一大类四维流形没有光滑结构, 而有些则有无穷多的微分结构. 唐纳森因其在四维流形上的开创性工作获得一九八六年的菲尔兹奖. 结合他的结果和弗里德曼关于四维流形分类的结果, 一九八七年陶贝斯证明了四维欧氏空间有不可数多的微分结构. 注意我们生存的三维空间加上一维的时间就是四维欧氏空间, 而其他维数的欧氏空间则仅有一种微分结构. 瞬子在数学和物理中都有很多的用处, 杨-米尔斯理论在数学上则可能是最受重视的规范场理论, 是否对任意的紧单的规范群在四维欧氏空间存在质量间隙非负的量子杨-米尔斯理论是克雷数学研究所千禧年问题之一.

在共形场论的研究中, 群论、李代数、顶点算子代数、维那索拉代数等代数结构是描述对称的工具, 十分重要.

也是在二十世纪八十年代, 数学物理中对量子可积系统和杨-巴克斯特方程的研究导致了俊菲尔德和神保 (相互独立) 在二十世纪八十年代中期定义了量子群, 随后引发了世界范围的研究热潮, 产生了很多深刻的结果如典范基和晶体基、新的纽结不变量等, 引出很多新的研究问题. 俊菲尔德因其在量子群和表示论上的工作获一九九〇年菲尔兹奖. 柏原正澍主要因在晶体基和 D 模理论上的工作在二〇一八年国际数学家大会上获得陈省身奖.

在过去几十年的数学物理进展中必须提到威腾的工作, 他带来很多

新的深刻思想, 在数学和物理中架起桥梁, 为相关研究方向带来全新的面貌和很多问题, 给数学和物理两者都带来巨大的影响, 因为其深刻的工作他于一九九〇年获得菲尔兹奖. 在对两个假设的量子场论作比较时, 威腾对代数曲线的模空间提出一个猜想, 后被孔策维奇证明. 同样基于量子场论的考虑, 威腾认为存在一些可通过某些积分计算的纽结和三维流形不变量, 此事后被孔策维奇证明. 这些工作影响很大, 是孔策维奇获得一九九八年菲尔兹奖的部分主要工作.

最近这些年, 统计力学及相关的研究方向包括随机过程等非常活跃, 有很多突出的进展. 二〇〇六年沃纳因其在随机洛马纳演化和二维布朗运动的几何等方面的工作获菲尔兹奖, 二〇一〇年维那尼因其关于波尔兹曼方程和兰道阻尼的工作获得费尔兹奖, 斯米尔诺夫获费尔兹奖的部分工作也与统计力学有关. 杜米尼-考平因在统计物理中的相变的概率理论方面解决了几个长期存在的问题, 如对三维伊辛型模型他与合作者证明了相变的连续性和尖锐性等, 于二〇二二年获得菲尔兹奖.

结束语

以上对基础数学进展的介绍是很不全面的, 不过, 从以上的介绍可以看出, 数学的发展始终贯穿在对基本问题和基本对象的探索认识中. 好的问题对数学的发展起了巨大的推动作用. 在数学研究中, 我们需要考虑好的问题, 基本的问题, 同时要有好的数学思想. 写完这篇文章后, 一个强烈的感受是在数学的发展中, 我们做出的贡献太少. 缺乏好的传统和数学思想乃至背后的哲学思想和思考可能是一个重要的原因, 在这些方面我们还有很大的差距. 可能我国已有很多数学家感受到我们还未形成中文数学的思考体系和语言体系, 我们对数学的认识仍然很不足, 在努力成为数学强国的路途上我们有很多的东西需要弥补, 需要时间, 需要国家的支持, 更需要数学家的努力.

参考文献

关于数学史和数学思想的通俗读物可以看以下两套书:

[1] M. 克莱因，《古今数学思想》，1-4 卷，北京大学数学系翻译，上海科学技术出版社，2009 年.

[2] A.D. 亚历山大洛夫等，《数学: 它的内容、方法和意义》，1-3 卷，孙小礼、赵孟养、裘光明等译，科学出版社，2010 年.

下文观点深邃，思维流畅.

[3] Weil, History of Mathematics: Why and How, Proceedings of the International Congress of Mathematicians, Helsinki, 1978, vol.1, pp.227-236.

如果希望对现代数学了解得更深入，可以看下面的丛书.

[4] 《国外数学名著系列》(影印版)，科学出版社，2006 年及以后.

国际数学家大会的论文集是了解现代数学进展的一个窗口，可喜的是国际数学联盟已经在其网站汇集了 2006 年及以前大会论文集的电子版.

[5] 国际数学家大会论文集. http://mathunion.org/ICM/.

克雷数学研究所的七个千禧问题的描述见其网站.

[6] http://www.claymath.org/millennium/.

[7] 维基百科. http://en.wikipedia.org/. 维基百科的文章经常也是很有参考价值的. 数学家的传记对了解数学家和数学都是有益的，下面列三本.

[8] C. Reid, "Hilbert", Springer-Verlag New York, LLC, 1996. 有中译本.

[9] 王元，《华罗庚》，江西教育出版社，1999.

[10] 张奠宙、王善平，《陈省身传》(修订版)，南开大学出版社，2011.

数学大家谈数学的文章或书籍多有对数学的深刻感悟和认识，很有名的两本书是:

[11] Henri Poincaré, Mathematics and Science Last Essays, BiblioBazaar, 2009.

有中译本: 《最后的沉思》.

[12] G.H.Hardy, A Mathematician's Apology, Cambridge University Press, 1940 年第一版，1992 年 Canto 版. 有中译本: 《一个数学家的辩白》.

与本文有关的较专门的参考文献和论文太多，因篇幅有限，就不罗列了.

说明: 本文首次发表于《中国科学院院刊》2012 年第 27 卷第 2 期，134-144. 后略加修改，转载于 "数学与人文" 系列丛书第十四卷《数学与科学》. 本次转载对一些译名做了细微的文字改变，并加入一点新的内容.